Chabchoub Mohamed Ali
Hatem Belhouchette
Kais Abbes

**Evaluation des systèmes de production face aux changements climatiques**

Chabchoub Mohamed Ali
Hatem Belhouchette
Kais Abbes

# Evaluation des systèmes de production face aux changements climatiques

Cas de la Basse Vallée de la Medjera en Tunisie

**Presses Académiques Francophones**

**Impressum / Mentions légales**
Bibliografische Information der Deutschen Nationalbibliothek: Die Deutsche Nationalbibliothek verzeichnet diese Publikation in der Deutschen Nationalbibliografie; detaillierte bibliografische Daten sind im Internet über http://dnb.d-nb.de abrufbar.
Alle in diesem Buch genannten Marken und Produktnamen unterliegen warenzeichen-, marken- oder patentrechtlichem Schutz bzw. sind Warenzeichen oder eingetragene Warenzeichen der jeweiligen Inhaber. Die Wiedergabe von Marken, Produktnamen, Gebrauchsnamen, Handelsnamen, Warenbezeichnungen u.s.w. in diesem Werk berechtigt auch ohne besondere Kennzeichnung nicht zu der Annahme, dass solche Namen im Sinne der Warenzeichen- und Markenschutzgesetzgebung als frei zu betrachten wären und daher von jedermann benutzt werden dürften.

Information bibliographique publiée par la Deutsche Nationalbibliothek: La Deutsche Nationalbibliothek inscrit cette publication à la Deutsche Nationalbibliografie; des données bibliographiques détaillées sont disponibles sur internet à l'adresse http://dnb.d-nb.de.
Toutes marques et noms de produits mentionnés dans ce livre demeurent sous la protection des marques, des marques déposées et des brevets, et sont des marques ou des marques déposées de leurs détenteurs respectifs. L'utilisation des marques, noms de produits, noms communs, noms commerciaux, descriptions de produits, etc, même sans qu'ils soient mentionnés de façon particulière dans ce livre ne signifie en aucune façon que ces noms peuvent être utilisés sans restriction à l'égard de la législation pour la protection des marques et des marques déposées et pourraient donc être utilisés par quiconque.

Coverbild / Photo de couverture: www.ingimage.com

Verlag / Editeur:
Presses Académiques Francophones
ist ein Imprint der / est une marque déposée de
OmniScriptum GmbH & Co. KG
Heinrich-Böcking-Str. 6-8, 66121 Saarbrücken, Deutschland / Allemagne
Email: info@presses-academiques.com

Herstellung: siehe letzte Seite /
Impression: voir la dernière page
**ISBN: 978-3-8381-4396-5**

Copyright / Droit d'auteur © 2014 OmniScriptum GmbH & Co. KG
Alle Rechte vorbehalten. / Tous droits réservés. Saarbrücken 2014

*« L'Institut Agronomique Méditerranéen de Montpellier n'entend donner aucune approbation ni improbation aux opinions émises dans cette thèse. Ces opinions n'engagent que leur auteur. »*

**Résumé**

Au tour du bassin Méditerranéen, le changement climatique présente l'un des phénomènes majeurs qui affecte les exploitations agricoles. Si les prévisions actuelles se confirment, les modes de production et les itinéraires techniques devront évoluer radicalement. Ce travail présente une évaluation, avec l'utilisation d'un modèle bioéconomique, de l'effet du changement climatique dans la région Nord-Ouest de la Tunisie et de l'impact de la mise en place de quelques stratégies d'adaptation. Les indicateurs utilisés sont : la marge nette des exploitations, la salinité de l'eau et la quantité d'eau consommée.

L'analyse comparative des résultats relatifs à l'évolution du système socio- économique et environnemental des différentes exploitations de la basse vallée de la Medjerda entre le scénario de base (situation sans les effets du changement climatique) et le scénario de référence (situation avec les effets du changement climatique : augmentation de l'évapotranspiration de 9,3% et de la salinité de l'eau) montre qu'il existe des exploitations qui arrivent à maintenir leurs marges nettes sans modifier le mode de fonctionnement mis en place (Plan de production agricole, Echange de terre). Celles-ci sont caractérisées par un mode de culture diversifié, basé essentiellement sur les grandes cultures, cultures fourragères et le maraîchage. Les exploitations spécialisées en arboriculture sont les plus sensibles aux changements climatiques. A l'échelle régionale, la marge nette globale au niveau de basse vallée de la Medjerda diminue de 8%. En ce qui concerne les indicateurs environnementaux, la salinité du sol a augmenté considérablement pour les sols dans lesquels se pratique l'arboriculture en grande proportion ; Cependant, la diversification des systèmes de cultures avec des proportions égales, est à l'origine de la stabilité de la salinité des sols. Pour l'eau, malgré une augmentation de 11% de sa consommation, elle n'est pas un facteur limitant dans la basse vallée de la Medjerda ; son taux d'utilisation atteint seulement 50% avec le scénario de référence.

La simulation de la mise en place de nouvelles techniques d'irrigation (Goutte à goutte pour les cultures maraîchères et aspersion pour les cultures céréalières et fourragères) qui présentent des meilleurs efficiences en termes de consommation d'eau a permis d'améliorer les rendements et de réduire la vulnérabilité des exploitations. En effet, 25% des exploitations ont réalisé une augmentation de leurs marges nettes par rapport à la situation sans changement de technique d'irrigation ; L'amélioration des résultats économiques des exploitations a touché celles qui sont spécialisées dans l'activité céréalière qui représente plus de 45% de leur assolement. Pour les résultats environnementaux, l'introduction des nouvelles techniques d'irrigation n'a pas montré de changements significatifs pour la salinité des différents types de sol. Les valeurs de la salinité des sols sont restées identiques à celles du scénario référence. De plus, les résultats ont montré que la salinité du sol est en corrélation avec les systèmes de cultures employées. Plus il y a une diversification des systèmes de cultures dans le sol, plus la salinité est faible. La monoculture a un effet négatif sur la qualité du sol et augmente sa salinité.

**Mots Clés** : Changement climatiques, salinité du sol, irrigation, adaptation

**Abstract**

Around the Mediterranean basin, climate change presents one of the major phenomena affecting farms. If current projections are confirmed, the mode of production and crop management will have to change radically. This work presents a study using a bio-economic model to assess, at farm level, the impact of climate change in northern Tunisia by analyzing farm production systems behaviours as well as economic and environmental variables.

The comparative analysis of results related to the socio-economic and environmental evolution of different farms between the baseline scenario (the situation without climate change) and the reference scenario (situation including the effects of climate change: increased evapotranspiration by 9.3% and increased water salinity) shows that there are farmers that can maintain their net margins without not changing in their current system (Agricultural Production Plan , Exchange of land). Those farms are characterized by a diversified mode of cultivation, based mainly on field crops, fodder and vegetables. Farms specialized in fruit production are the most susceptible to climate change. Globally, the overall net margin at Lower Valley of Medjerda decrease by 8%. Regarding the environmental indicators, soil salinity has increased significantly for soils where fruit trees are planted in large proportion, however, diversification in soil pattern with equal proportions, is the source of stability of soil salinity. In addition, despite an increase in water use with 11%, water is not a limiting factor in the lower valley Medjerda; The utilization rate reached only 50% with the baseline.

The simulation of the use of new irrigation techniques (drip for vegetables and sprinkler for fodder and cereals) that have better efficiencies in terms of water use shows an improved performance and a reduction of the vulnerability of farms. Indeed, 25% of farms achieved an increase in their net margins compared to the situation without changing irrigation technology; The best economic performance affected farms in which cereal activity represents more than 45% of the soil pattern. For environmental results, the introduction of new irrigation techniques showed no significant changes in the salinity of different soil types. The values of soil salinity remained identical to those of the reference scenario. In addition, the results showed that soil salinity is correlated with the cropping systems employed. The more diversified cropping systems in the soil, the higher the salinity is low. Monoculture has a negative effect on soil quality and increases its salinity.

**Keywords**: Climate change, soil salinity, irrigation, adaptation

# ملخص

يعتبر تغير المناخ في بلدان حوض البحر الأبيض المتوسط واحدة من الظواهر الرئيسية التي تؤثر في المحاصيل الزراعية. و في صورة تأكد التوقعات الحالية، تضطر طريقة الإنتاج وإدارة المحاصيل إلى تغيير جذري.

هذا العمل يقدم تقييماً مع استخدام نموذج "بيو اقتصادي"، لأثر تغيّر المناخ في الشمال الغربي التونسي، والآثار المترتبة بعد تطبيق بعض استراتيجيات التأقلم. خلال هذه الدراسة، سوف نتناول المؤشرات التالية : الربح الصافي للمزارع ، ملوحة المياه وكمّية المياه المستهلكة.

مقارنة الدراسات المتعلقة بتطور النظام الإجتماعي الإقتصادي و النظام البيئي لمختلف المزارع في منطقة وادي مجردة بين السيناريو الأساسي (الوضع دون تغيّر المناخ) والسيناريو المرجعي (الوضع مع آثار تغيّر المناخ : إرتفاع نسبة التبخر بـ 9.3 ٪ و إرتفاع نسبة ملوحة مياه الرّي) أظهرت أنّ هناك بعض المزارعين الذين تمكّنوا من الحفاظ على أرباحهم الصافية دون تغيير طريقة العمل المتوخّية (خطة الإنتاج الزراعي، تبادل الأراضي...). وتتميّز هذه المزارع بتنوّع الأصناف المزروعة (زراعات كبرى، زراعات علفيّة و خضروات). أمّا بالنّسبة للمزارع المتخصصة في الأشجار المثمرة فهي الأكثر تعرّضاً للآثار السلبية لتغير المناخ. إقليمياً، تتعرّض المحاصيل الصافية للمزارعين في وادي مجردة للإنخفاض بنسبة 8 ٪. وفيما يتعلق بالمؤشرات البيئية ، نلاحظ ارتفاعاً مهمّاً لنسبة ملوحة الأراضي المزروعة بالأشجار المثمرة. أمّا الأراضي المزروعة بأصناف مختلفة من الزراعات و ذلك بنسب متقاربة فهي تتميّز باستقرار نسبة ملوحة التربة.

و فيما يتعلّق بالمياه، فبالرّغم من زيادة إستهلاكها بنسبة 11٪، فهي ليست عاملاً مقيداً في وادي مجردة، حيث أنّ معدّل استخدامها بلغ 50 ٪ فقط مع السيناريو المرجعي. استخدام تقنيات الري الجديدة (التنقيط للخضار، و الرّش للحبوب والأعلاف) التي تعتبر أفضل كفاءة من حيث الإقتصاد في استعمال المياه، أدّت إلى تحسين الأداء و الحد من تعرّض المزارع لمخلفات تغيّر المناخ. في الواقع ، حققت 25 ٪ من المزارع زيادة في أرباحها الصّافية إثر تغيير تكنولوجيّة الرّي. تحسّن النتائج الاقتصاديّة للمزارعين، لمست المتخصصّين في زراعة الحبوب اللّتي تمثّل أكثر من 45 ٪ من تناوبها. و فيما يخصّ النتائج البيئيّة، لم تظهر عمليّة إدخال تقنيات الرّي الجديدة تغييرات ملاحظة في ملوحة أنواع مختلفة من التربة. وظلّت قيمة ملوحة التربة مطابقة لقيمة الملوحة للسيناريو المرجعي. وبالإضافة إلى ذلك، أظهرت النتائج أن ملوحة التربة ترتبط مع الأنظمة الزراعيّة المستخدمة. كلّما تنوّعت الأصناف المزروعة، تنخفض نسبة الملوحة في التربة. الزراعة الأحادية لها تأثير سلبي على نوعية التربة نظراً لزيادة نسبة الملوحة فيها.

الكلمات المفاتيح: التغيّر المناخي، ملوحة التربة، الرّي، التأقلم.

# Remerciements

Je remercie tous particulièrement mes encadreurs,

Hatem Belhouchette, pour m'avoir communiqué son enthousiasme et son dynamisme dans l'approche de cette recherche, pour ses compétences et son expérience solide qui m'a permis de mener à bien cette étude ; pour toutes les fois où nous avons partagé nos idées et bâti une confrontation très intéressante ;

Et Kais Abbas, de m'avoir guidé et aidéea par ses compétences et ses connaissance dans la modélisation bioéconomique et de m'avoir offert une occasion si importante d'enrichir ma formation de base en modélisation.

Je tiens également à remercier Mapie Bessieres, responsable informatique à l'IAMM, de m'avoir emprunté un écran de PC qui m'a beaucoup aidé dans mes travaux et dans la rédaction de mon travail.

Je veux adresser tous mes remerciements à ma famille (Soufia, Hechmi, Rym et Amine), qui a toujours été la liaison la plus forte et la plus constructive avec ma terre et qui a stimulé ma sensibilité et ma curiosité intellectuelle.

Je souhaite enfin remercier mes amis, Safa, Meriem, Nathalie, Nawel, Ali et Maouia, pour leur soutien humain et tous les autres amis qui ont représenté ma communauté internationale et méditerranéenne à Montpellier.

# Sommaire

# Introduction générale............................................. 1

<u>Première Partie : Changement climatique : Contexte de la Tunisie</u>....... 4

Chapitre 1 : Problématique synthétisée, objectifs et hypothèses de la recherche ............................................................................. 4
1- Problématique synthétisée.................................................. 4
   1- 1- Les impacts du changement climatique.................................... 4
      1-1-1- Les impacts agro-environnementaux du changement climatique ..... 4
         1-1-1-1- Agronomique............................................................ 4
         1-1-1-2- Environnement......................................................... 7
      1-1-2-Les impacts socio-économiques du changement climatique ........... 8
   1-2 Exemples de stratégies d'adaptation........................................ 9
   1-3- Changement climatique et ses conséquences en Tunisie...................... 10
      1-3-1- Introduction.......................................................... 10
      1-3-2- Prévision du changement climatique en Tunisie........................ 11
      1-3-3- La vulnérabilité aux effets du changement climatique.................. 13
      1-3-4- Adaptation face au changement climatique............................. 14
         1-3-4-1- Rationalisation de l'exploitation des ressources en eau............... 14
         1-3-4-2- Cadre institutionnel des changements climatiques en Tunisie....... 16
      1-3-5- Conclusion ............................................................ 16

   1-4- Questionnement ............................................................. 17
2- Objectifs de la recherche.................................................... 17
3-Hypothèses de la recherche................................................... 17

Chapitre 2 : La zone d'étude : Basse vallée de la Medjerda ............... 20
1- Description de la zone d'étude.............................................. 20
   1-1- Situation géographique..................................................... 20
   1-2- Climat....................................................................... 20
   1-3- La pédologie ............................................................... 21
   1-4- L'infrastructure hydraulique................................................ 22
   1-5- La production agricole..................................................... 22
2- Les problèmes du secteur irrigué de la Basse vallée de la Medjerda.. 23
   2-1- La dégradation progressive de la qualité d'eau d'irrigation dans la vallée de la Medjerda ...................................................................... 23
   2-2- Impact de la salinité de l'eau d'irrigation sur les activités agricoles............ 24
   2-3- Le drainage................................................................. 24
   2-4- La viabilité des systèmes de production dans la basse vallée de la Medjerda. 24

<u>Deuxième Partie : Cadre théorique et méthodes de recherche</u>............ 26

1-Cadre théorique : La modélisation et le changement climatique.................. 26
2- Méthodes de recherche: Chaine de modèles ……………………….. 28
   2-1- Modèle biophysique…………………………………………………………. 29
   2-2- Modèle bioéconomique …………………………………………….. 30
   2-3- Scénarios……………………………………………………………………. 30
      2-3-1- Scénario de base…………………………………………. 31
      2-3-2- Scénario de référence…………………………………………. 32
      2-3-3- Scénario "stratégie d'adaptation" : Scénario de référence + Innovation technologique (changement du système d'irrigation) et tarification de l'eau ……………………………………………………………. 33

<u>Troisième partie : Typologie des exploitations agricoles dans la basse vallée de la Medjerda et description des modèles correspondants</u> ………. 36

Chapitre 1 : Typologie des exploitations agricoles dans la basse vallée de **la** Medjerda…………………………………………………….. 36
   1-Les critères de typologie………………………………………………. 36
   2- Les caractéristiques des exploitations-types…………………………………… 37
      2-1- Les exploitations-types des anciens PPI………………………… 37
      2-2- Les exploitations-types des nouveaux périmètres……………………... 39

Chapitre 2- Application de la modélisation bioéconomique : Description des modèles utilisés ……………………………………………… 41
1- La construction des simulations sur le modèle CropSyst…………………………. 41
   1-1- Le module climatologie………………………………………………. 41
   1-2- Le module pédologique……………………………………………… 41
   1-3- Le module de pratiques culturales ………………………..………… 41
   1-4- Le module de la rotation …………………………………………….. 41
2- La conception des modèles économiques……………………………………. 42
   2-1- Les modèles individuels………………………………………….. 42
      2-1-1- Les contraintes agronomiques………………………………….. 42
      2-1-1-1- La superficie arboricole………………………………………... 42
      2-1-1-2- L'occupation du sol…………………………………………. 42
      2-1-1-3- La rotation culturale……………………………………... 43
      2-1-1-4- L'assolement…………………………………………….. 43
      2-1-2- La fonction objective et la prise en compte du risque……………….. 43
   2-2- Le modèle agrégé………………………………………………………. 43
      2-2-1- La fonction objective………………………………………….. 43
      2-2-2- Les contraintes de transfert des ressources……………………… 43
      2-2-2-1- Les contraintes de transfert de la terre………………………… 43
      2-2-2-2- Les contraintes de la demande en eau……………………………. 43

# Quatrième partie : Interprétation et analyse des résultats du modèle bioéconomique .................................................................. 44

## Chapitre 1 : Analyse du scénario de référence ........................... 44
1-Modèle individuel.................................................................... 44
  1-1- Evolution de la marge nette................................................ 44
  1-2- Echange de terre................................................................. 45
    1-2-1- Evolution de la superficie des terres .......................... 45
    1-2-2- Evolution du nombre d'hectares loués et cédés........... 46
  1-3- Evolution du système de production ................................... 48
    1-3-1- Cas des exploitations pour lesquelles la marge nette augmente......... 48
    1-3-2- Cas des exploitations à marge nette constante et à foncier terre stable .................................................................. 49
    1-3-3- Cas des exploitations à marge nette constante et ayant un foncier terre variable.................................................... 49
    1-3-4- Cas des exploitations pour lesquelles la marge nette diminue et à foncier stable.................................................. 50
  1-4- Evolution de la spéculation animale ................................... 50
  1-5- Evolution de l'utilisation de l'eau ....................................... 51
    1-5-1- Cas des exploitations pour lesquelles la marge nette augmente ......... 51
    1-5-2- Cas des exploitations à marge nette constante et à foncier terre stable. 52
    1-5-3- Cas des exploitations à marge nette constante et à foncier terre variable ............................................................ 52
    1-5-4- Cas des exploitations dont la marge nette diminue ...................... 53
  1-6- Evolution de la main d'œuvre occasionnelle........................ 53
2-Modèle agrégé........................................................................ 54
  2- 1- Evolution de la marge nette ............................................... 54
  2- 2- Evolution du plan de la production végétale....................... 55
  2- 3- Evolution de l'utilisation de l'eau ....................................... 55
  2- 4- Evolution de la salinité du sol ............................................ 56
3- Conclusions........................................................................... 57

## Chapitre 2 : Scénarios de stratégies d'adaptation face au changement climatique................................................................. 58
1- Etude du Scénario de référence + Innovation technologique par le changement du mode d'irrigation........................................................... 58
  1-1- Définition du scénario ........................................................ 58
  1-2- Résultats des simulations.................................................... 58
    1-2-1- Analyse des performances des exploitations ............. 58
    1-2-1-1- Interaction avec l'évolution de la superficie totale exploitée ......... 59
    1-2-1-2- Interaction avec l'évolution de la main d'œuvre occasionnelle employée ............................................................. 60
    1-2-2- Evolution de la marge nette en fonction des systèmes de culture appliqués................................................................. 61

ix

| | |
|---|---|
| 1-2-3- Evolution de la salinité du sol ………………………………….. | 62 |
| 1-2-4- Evolution de la consommation d'eau…………………………… | 63 |
| 1-3- Simulation de l'utilisation de la formule tarifaire d'achat d'eau H2B……….. | 64 |
| 2- Conclusion …………………………………………………………….. | 66 |
| Conclusion générale…………………………………………………… | 68 |
| Références bibliographiques…………………………………………… | 70 |

# Préface

Le présent travail a fait l'objet d'un résumé soumis et accepté pour une présentation orale au congrès «ESA : European Society of Agronomy» qui aura lieu à Agropolis Montpellier du 29 Aout au 3 Septembre 2010 :

## Assessing farm responses to the uncertainty of climate change: Application to an irrigated area in Northern Tunisia.

M.A. Chabchoub, H. Belhouchette, K. Abbes, I. Souissi
IAMM – 3191 Route de Mende 34093 Montpellier Cedex5 France
Daly.Chabchoub@gmail.com

### Introduction

Decision-makers are often confronted with contradictory demands when it comes to developing projects to evaluate and foster suitable strategies for adapting to global warming. In fact, few quantitative methods for assessing the impact of climate change on resilience and adaptive capacity have been defined and used. Furthermore, the tendency has been to treat the impact of climate change as a stand-alone activity, whereas it should be integrated into development projects, plans, policies, and strategies, in order to reach a compromise solution, a trade-off between the costs and benefits of different criteria (economic, social, environmental etc.). This paper presents a study using a bio-economic model to assess, at farm level, the impact of climate change in northern Tunisia by analyzing farm production systems behaviours as well as economic and environmental variables.

### Methods

The BVM irrigated area, a 33000 ha in Northern Tunisia, was created for the use of the Medjerda river water in irrigated cereal, fodder and vegetables crops and fruit trees. However, the use of the irrigated water showed a risk of soil degradation. Agricultural systems in the area are characterized by a great diversity of agricultural management, in terms of crop rotations and of the amount of water applied. The traditional crop rotation system is based on rain-fed and irrigated cereals, forages crops during winter and maize and sorghum forage in the summer. Yield varies significantly from year to year based on the effect of weather, soil types, and farm management on soil salinity and availability of water. To simulate the key aspects of agricultural systems and the impact of climate change from field to farm scale a bio-economic model was developed based on an intelligent combination of an already calibrated and evaluated cropping system model (CropSyst[1]) and a bio-economic farm model[2]. The bio-economic model, set for a time horizon of 2030, was used to identify which farm layouts and agro-ecological technologies would be favored by the implementation of the baseline and the scenarios simulating the impact of climate change. The baseline scenario involved a projection in time including mainly the inflation rate. It is the reference for the relative comparison and analysis of the climate change scenarios investigated. In our case study, the baseline scenario considered the current climate without, any modification in terms of temperature, rainfall frequency or CO2 concentration. The climate change scenario included projected weather, the expected increase of average temperature, rainfall distribution and CO2 concentration [1]. The impact of climate change on crop yield and soil salinity accumulation was simulated using the CropSyst model [2]. Twenty actual and representative arable farming systems in the study area were selected. The farm selection took into account the heterogeneity of farms and biophysical endowments. Based on a farm structural survey, this farm typology provided a set of typical farms defined by 3 criteria: size, land use and specialization. Each farm type represented a given number of actual farms.

### Results and discussion

---

[1] Belhouchette et al., 2008. Integrating spatial soil organization data with a regional agricultural management simulation model: a case study in northern Tunisia. American Society of Agricultural and Biological Engineers. Vol.51(3) :1099-1109.
[2] Abbas., 2004. Analyse de la relation agriculture-environnent: une approche bio-économique. Thèse de doctorat. [Analysis of the relationship between agriculture and the environment: a bio-economic approach] Université de Montpellier I, 277pp.

Figure 1 shows, for all farm types, the relationship between the relative difference of farm net margin and farm area when the climate change scenario is compared to the baseline one. From this graph, four farm behaviours can be distinguished: i) farms (FT1) for which farm area and net margin remain the same (the difference is less than 10%). Those farms were dominated by cereal and forage in sandy soil (more than 50%), with a very low percentage of fruit trees (less than 10%). They represent 71% of all farms in the studied area, ii) farms (FT2) for which the farm area remained the same with the climate change scenario, but the farm net margin decreased between

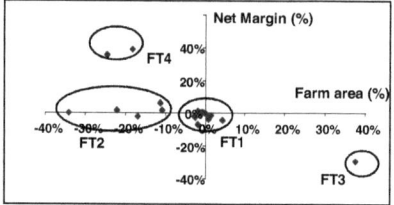

**Fig.1-** Relative differences in farm net margin and farm area between baseline and climate change scenario

10 and 40%. Those farms were dominated by clay-loamy soil (more than 85%), and more than 30% of its surface area given over to perennial crops (trees). They represent 28% of all the farms in the studied area, and iii) very marginal (less than 1%) farms (FT3 and FT4) characterised by a large modifications in farm area and farm net margin. In this study we focussed only on the FT1 and FT2 categories. Figure 1 presents, for the F1 and F2, the land use variation between baseline and climate change scenarios. Regarding FT1, figure 1 shows also that in the climate change scenario less irrigated cereals and fallow land are cultivated compared to the baseline one. To compensate for this drop in cereal and fallow areas, more irrigated summer vegetables and rainfed forage were grown. This strategy allowed the farmer to save water and to cultivate more profitable crops. In fact, the most changes took place in sandy soil with a low water retention capacity. The cereals, which are often irrigated, with high water demand (specifically durum wheat), were replaced with irrigated vegetables (mainly tomatoes). In addition, cereals are often irrigated with a sprinkler system, which is less efficient than the drip irrigation usually used for vegetables. This strategy, even though it could maintain farm profitability, appears not to be sustainable for the long term. In fact, the increase of irrigation in the sandy soil associated to the drip irrigation doubles the soil salinity accumulation. In FT2, the gross margin dropped by almost 20%. For this farm type, the irrigated cereals and the follow decreased instead of rainfed cereals, and rainfed forage. The rainfed cereals, which were originally cultivated (in the baseline scenario) in sandy soil are now (according to the climate change scenario) grown more in soil with high water retention capacity (data not shown). In FT2, the area reserved for fruit trees remained the same. Globally, the proportion of annual crops in the total farm income remained the same (35%) for both scenarios. Therefore, the high decrease of farm income in FT2 was due to the reduction of fruit tree yield (-15%), due to increased soil salinity accumulation (+30%).

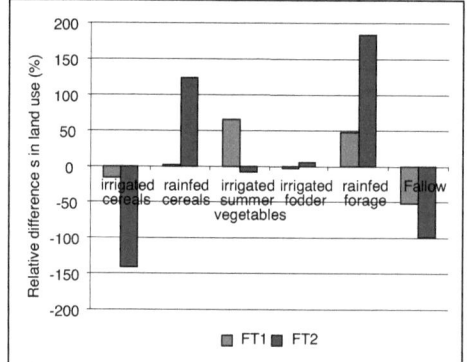

**Fig. 2-** Relative differences in land use by crop type between baseline and climate change scenarios.

## Conclusion

From this study we may conclude that as expected, more diversified farms (e.g. FT1) respond less to climate change, and thus display greater resilience to environmental change, than specialized farms (e.g. FT2 dominated by fruit trees). However, short-term objectives to improve farm profitability often conflict with long-term objectives to increase the long-term adaptive capacity of the farm; e.g. such as in FT1 the use of drip irrigation in order to increase water efficiency progressively increased the soil salt concentration and then probably reduces the long-term adaptive capacity of the farming system. This methodology can be useful for simulating complex scenarios at farm scale. This work shows that further use should be made of the bio-economic model for simulating adaptation strategies, such as revising irrigation policies and shifting to more suitable activities, such as vegetable crops or stock-breeding, and their impacts on resilience and adaptive capacity in the study area.

# Introduction générale

Les changements climatiques sont les causes d'un réchauffement anormal de notre planète et de grandes perturbations ; La Banque Mondiale a établi une liste des cinq principales menaces liées au changement climatique qui sont : La diminution de la couverture neigeuse, glacier des montagnes, celle de la glace de la mer (une plus grande incertitude en matière agricole), les canicules, les inondations et les tempêtes .Ces changements climatiques déjà observés sont relativement faibles au regard du changement climatique attendu, il est donc nécessaire de réagir et de s'investir. Les situations considérées aujourd'hui comme critiques seront sans doute des situations normales demain, et il est par conséquent utile de les anticiper dès à présent (Onerc: Observatoire Nationale sur les Effets du Réchauffement Climatique,2005). Il convient donc de prendre en compte dès aujourd'hui la juste mesure du changement climatique et de ce qu'il implique en matière d'adaptation, afin de pouvoir l'intégrer dans les décisions à tous les niveaux et dans tous les secteurs.

Les pays de l'Afrique du Nord ainsi que tous les pays composés d'îles à basse altitude sont les plus menacés par l'élévation du niveau des océans. Au tour du pourtour de la méditerranée, la diminution de la pluviométrie estivale amplifie localement l'augmentation de la température par le biais de rétroactions sécheresse édaphique- canicule.

A la fin du XXIe siècle, la température annuelle moyenne sur la région méditerranéenne devrait probablement augmenter entre 2,2° C et 5,1° C ; ce réchauffement serait particulièrement visible d'ici 10 à 15 ans durant les périodes d'été qui laisseront entrevoir une augmentation du nombre, de la durée et de l'intensité des canicules (Hallegatte, 2005). L'évolution de la température provoquera des canicules du coté Nord de la méditerranée alors qu'au Sud, de vastes étendues sont condamnées à se désertifier (Anphoux et *al*, 2003).

D'après ces exemples, on remarque que le changement climatique induit des effets variables entre pays ou même entre régions. Une situation donnée peut induire des dégâts importants pour une zone et être bénéfiques pour une autre. Cette différence dans le degré d'impact des changements climatiques selon la situation géographique des pays, est le point de départ pour comprendre en premier temps la différence dans le comportement du système Plante- Sol face aux réchauffements climatiques et en second temps les stratégies d'adaptation employées par les pays des deux rives de la méditerranée pour faire face à ce changement.

Le changement climatique aura un impact sur la composante biotechnique de la production comme l'accroissement de la teneur en gaz carbonique et autres gaz à effet de serre dans l'atmosphère, l'élévation de la température, la modification des régimes pluviométriques (bilan hydrique : évaporation, drainage, ruissellement), et l'évolution de la couverture nuageuse (bilan radiatif). Tous ces effets sont différents entre les deux rives de la méditerranée. .

- *Taux de $CO_2$* : Partant du principe que le taux de $CO_2$ est plus important au Sud (12 $km^3$/ an) qu'au Nord (5 $km^3$ / an) de la Méditerranée (Plan Bleu, 2009), les rendements des cultures doivent être potentiellement plus élevés au Sud qu'au Nord. Néanmoins dans la réalité cet effet n'est pas aussi clair. En effet, le taux élevé de $CO_2$ dans l'atmosphère réduit l'ouverture des stomates et par conséquent la perte de l'eau par la voie respiratoire. Pour les plantes C3 qui incluent le riz, le blé, le soja, les légumes et quelques arbres bénéficient de l'augmentation de la concentration du $CO_2$ dans l'atmosphère. Les bénéfices pour les plantes en C4, comme le maïs le sorgho, la canne à sucre sont plus limités (Vidal et Chollet, 1997).

L'augmentation de $CO_2$ n'est pas négative sous l'angle biologique, car elle représente une fumure carbonée et tend à augmenter l'efficience de l'eau. Cette augmentation du taux de $CO_2$ est souvent accompagnée par un accroissement de la température qui serait aussi également favorable pour les écosystèmes, sauf dans les zones à fort déficit hydrique, cas probable du Sud méditerranéen (Perrier, 1999). Le doublement de $CO_2$ va accélérer la croissance des végétaux : cela correspond à une fertilisation carbonée. Il y aura donc des besoins nutritifs accrus en N, P, K Ca. Le problème va concerner les sols acides saturés, déjà en situation de déséquilibre, principalement pour le calcium. C'est le cas d'une grande partie des sols de France (Robert, 1999). Dans un autre registre, l'augmentation de taux de $CO_2$ devrait se manifester, en absence de tout autre stress, par un accroissement de la production des prairies qui devrait permettre une augmentation du chargement animal (environ 20%) ; ceci est plus important dans les pays de la rive Nord de la méditerranée que ceux de la rive Sud ( Soussana et *al*, 2006).

- *La pluie* : La pluviométrie varie selon la localisation géographique. Les projections de Polutikof et Wigley (1996) pour 2030-2100 prévoient une chute de la pluviométrie de 10 à 40 % dans le sud de l'Espagne, 10 % dans le centre de l'Espagne, sud de la France et la Grèce, mais une augmentation de jusqu'à 20 % dans le centre d'Italie. Les effets dus aux changements climatiques peuvent varier selon les saisons : les risques y sont d'avantage liés à une modification des pluies en automne-hiver qu'au printemps ou en été (Choisnel, 1999). Au Maghreb, la production agricole pourrait être particulièrement touchée par toute diminution de pluviométrie hivernale car l'hiver est la seule saison où les sols peuvent reconstituer leurs réserves en eau, c'est la seule époque de l'année où la pluviométrie dépasse le niveau d'évapotranspiration potentielle, condition d'un bilan pluie moins évapotranspiration positif, et donc une réalimentation en eau du sol. Néanmoins, les effets du stress hydrique sur la production agricole sont contractés en fonction du type de production, de l'ampleur du stress et de sa temporalité (Préfecture de région Languedoc-Roussillon, 2008). Un stress hydrique peut se révéler favorable pour la vigne lui permettant une concentration de sucre suffisante pour préserver un équilibre (Sucre/Acidité) ; Cependant, au moment de la véraison un stress hydrique aura des effets néfastes sur la croissance de la vigne.

- *la Température* : L'accroissement prévu de la température pour une grande partie du globe devrait se traduire par un accroissement de l'activité microbienne. Ceci devrait être particulièrement sensible dans les zones où les basses températures représentent un facteur de blocage de l'évolution de la matière organique, ces effets sont plus fréquents lorsqu'il s'agit d'un couvert forestier localisé surtout dans la partie orientale de la Méditerranée : on aurait alors une forte minéralisation avec production de $CO_2$ de la matière organique accumulée (Robert, 1999).

C'est dans ce cadre que le projet de mémoire de stage a été élaboré pour étudier la variabilité des impacts du changement climatique (pluie, température et $CO_2$) sur les systèmes de production dans la basse vallée de la Medjerda au Nord de la Tunisie. Pour mieux comprendre ces impacts et réduire leurs effets, cette étude vise également à proposer et à évaluer des stratégies d'adaptation face au changement climatique en proposant des solutions à la fois, techniques et économiques.

Deux grandes idées seront traitées dans ce document :

1- Évaluer l'impact du changement climatique sur les systèmes de production sur l'environnement dans les anciens et les nouveaux PPI de la basse vallée de Medjerda.

2- Proposer des stratégies d'adaptation afin d'atténuer l'effet du changement climatique sur la production et l'environnement.

Ce rapport se divise en quatre parties :

- La première partie concerne la description des impacts (socioéconomique et agroenvironnemental) du changement climatique, en incluant l'intégralité des effets pluie, température et $CO_2$, sur les systèmes de production des pays méditerranéens.

- La deuxième partie portera sur la méthode utilisée pour évaluer les impacts du changement climatique et des stratégies d'adaptation. Cette partie permettra de :
    - ✓ Définir le modèle et les paramètres (indicateurs) du modèle bioéconomique
    - ✓ Définir une situation de référence (Baseline)
    - ✓ Définir les stratégies d'adaptation

- La troisième partie sera consacrée à la définition de la typologie des exploitations agricoles dans la basse vallée de la Medjerda et à la description des modèles correspondants

- La dernière partie sera consacrée à l'analyse et la discussion des résultats des différentes stratégies d'adaptation.

# Première Partie : Changement climatique : Contexte de la Tunisie

## Chapitre 1 : Problématique synthétisée, objectifs et hypothèses de la recherche

### 1- Problématique synthétisée

#### 1- 1- Les impacts du changement climatique

L'agriculture est, sans aucun doute, parmi les activités humaines, une de celles qui reste la plus directement influencée par le climat, malgré l'augmentation de sa productivité en particulier dans le cas des pays développés. L'ensemble des facteurs bioclimatiques qui régissent le fonctionnement des écosystèmes est amené à se modifier, et il faut donc prévoir et quantifier ces modifications et leurs conséquences.

#### 1-1-1- Les impacts agro-environnementaux du changement climatique

##### 1-1-1-1- Agronomique

La production agricole varie beaucoup en fonction du type de couvert et des conditions climatiques associées aux conditions culturales pour les plantes cultivées. Mais la tendance générale est claire: si les régions tempérées peuvent s'attendre à des effets tantôt positifs, tantôt négatifs sur le rendement, le changement climatique aura quasi-systématiquement des effets négatifs dans les régions sèches, aux latitudes plus basses, particulièrement dans les régions ayant des saisons sèches et dans les régions tropicales. Les projections montrent des rendements agricoles décroissants, même pour de faibles augmentations locales de température (1 à 2° C), ce qui augmenterait les risques de famine ($4^{ème}$ rapport du GIEC, 2007).

Une illustration précise peut être tirée de la synthèse par les auteurs du chapitre 5 du $4^{ème}$ rapport du GIEC, qui fait bien apparaitre ces caractéristiques pour le blé et le maïs. L'impact du réchauffement climatique est analysé séparément pour les zones tempérées et les zones tropicales (Easterling et al 2007) (figure 1). Les courbes reproduites dans la figure 1 présentent les tendances moyennes des impacts évalués par les différentes études de cas disponibles, d'une part en considérant les cultures soumises directement telles qu'elles sont pratiquées actuellement au climat futur (courbes inférieures), d'autre part en supposant adoptées des mesures d'adaptation qui seront discutées plus loin (courbes supérieures).

En milieu tropical, l'absence d'effet réellement positif est liée à la prépondérance des plantes en $C4^{3}$ et à l'impact négatif de l'élévation des températures (raccourcissement du cycle et basculement du fonctionnement photosynthétique vers des gammes thermiques défavorables). La grande variabilité des résultats semble d'avantage provenir des scénarios climatiques que des modèles de culture : transition ou à l'équilibre (550 ou 750 ppm [CO2]), variabilité climatique actuelle du même ordre de grandeur que la perturbation prévue, prise en compte ou non de la dissymétrie de réchauffement entre températures minimale et maximale, résolution spatiale du modèle climatique, prise en compte ou non des effets cumulatifs d'une année sur l'autre pour les scénarios de transition.

---

3 Les plantes sont dites en C3 ou C4 selon que la première réaction de la chaîne de photosynthèse, très différente entre les 2 catégories de plantes, conduit à un composé à 3 ou 4 atomes de carbone. Les plantes en C4, moins fréquentes, sont généralement mieux adaptées aux conditions chaudes.

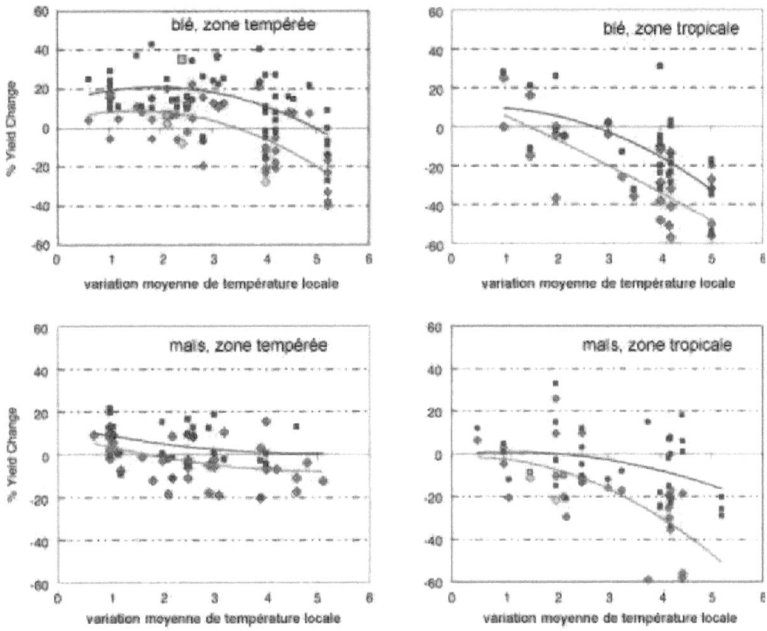

Figure 1: effet du réchauffement sur le rendement du blé et du maïs en zone tempérée (à gauche) et en zone tropicale (à droite), avec indication des effets possibles de l'adaptation (d'après Easterling et al, 2007)

Les rendements agricoles sont prévisibles de diminuer de 10 à 25% en 2080, ces dégâts seront plus importants en Afrique et en Amérique Latine (Cline et William, 2007). L'agriculture pluviale sera plus menacée. D'après un rapport établi par IPCC (Intergouvernemental Panel on Climate Change), les rendements obtenus par l'agriculture pluviale vont diminuer de 50% en partie due à la sécheresse de certains pays d'Afrique.

L'agriculture est susceptible d'être affectée par les conséquences qu'auraient les changements climatiques sur la disponibilité des ressources en eau à la surface de la terre (Choisnel, 1999). Les variations attendues des productions dépendent de l'équilibre atteint entre l'effet positif de la fumure carbonée due à l'augmentation atmosphérique du $CO_2$ et l'effet négatif du raccourcissement des cycles de culture en cas d'augmentation significative de la température de l'air. Les effets diffèrent selon le type de végétation (plantes pérennes ou annuelles) et selon le type de culture (Culture d'hiver ou de printemps, culture à cycle déterminé ou à cycle indéterminé) (Delécolle et al, 1999).

Dans toute la partie Sud de la méditerranée, des millions d'hectares situés à l'intérieur des terres traditionnellement consacrées aux céréales sont condamnés à l'abandon. D'après une étude établie en Languedoc-Roussillon en 2008, l'accroissement de la température de 1°C durant la pousse des graines du blé réduit la durée de cette phase de 5% et le rendement de 5%.

Le réchauffement climatique induit à une perturbation au niveau de la phénologie de la plante. Les résultats obtenus d'une étude sur le changement climatique en Languedoc-Roussillon font apparaître une avance significative des divers stades phénologies pour les arbres fruitiers et la vigne. La date de floraison des pommiers, abricotiers et pêchers a peu avancé, par conséquent les dégâts de gel apparaissent notablement accrus. D'autre part, pour les arbres fruitiers et la vigne, l'avancée généralisée de la phénologie peut poser des problèmes de risque de gel au moment de la floraison, et de qualité par avancée des stades sensibles (Domergue et al 2004) (figure 2).

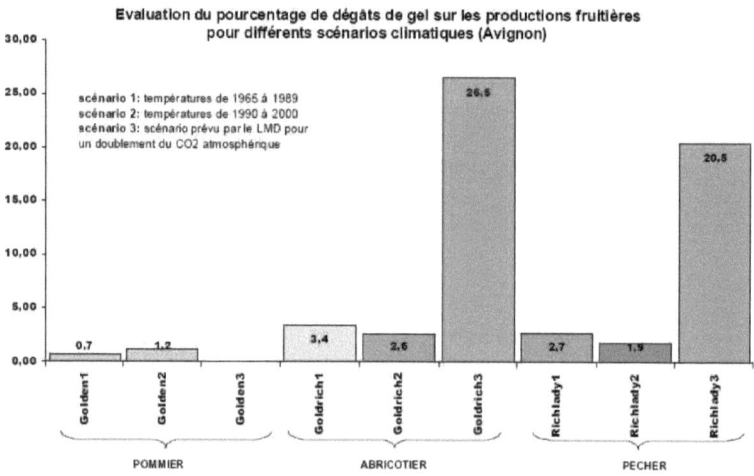

Figure.2 : Effet du réchauffement climatique sur les dégâts de gel simulés pour 3 productions fruitières (pommier, abricotier, pêcher) sur le site d'Avignon.

L'analyse des données phénologiques sur les arbres fruitiers et la vigne, cultures a priori beaucoup moins dépendantes sur ce point des décisions culturales, a permis de mettre en évidence des avancements significatifs de stades tels que la floraison des arbres fruitiers (une dizaine de jours en trente ans sur des pommiers dans le Sud-Est, figure 4 (Seguin et al 2004) ou la date de vendange pour la vigne (presque un mois dans la même région au cours des cinquante dernières années (Ganichot 2002).

Figure 3 Evolution de la période de floraison de la poire Williams depuis 1962 (base de données Phenoclim)

D'après Choisnel, la seule hausse des températures de l'air, à nébulosité constante et sans baisse de la pluviométrie, entrainera une augmentation de l'évapotranspiration potentielle, et donc de l'évapotranspiration maximale des cultures, ce qui accroitra le déficit estival.

En matière d'élevage, l'augmentation des températures devrait aussi augmenter le risque de maladies par l'accroissement de la survie des virus d'une année sur l'autre et par l'amélioration des conditions pour les nouveaux insectes.

### 1-1-1-2- Environnement

La menace sur la ressource en eau représente un élément essentiel: si la tendance des scénarios à une diminution de la pluviométrie estivale (de l'ordre de 20 à 30%) autour du bassin méditerranéen est confirmée dans le futur, elle pourrait entraîner un abandon de l'agriculture dans certaines zones traditionnelles de culture en sec, et une tension accrue sur l'utilisation de l'eau entre les différents utilisateurs au détriment de l'irrigation.

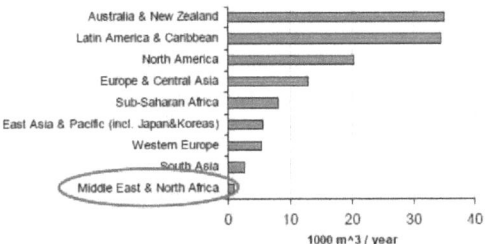

Figure 4 : Eau renouvelable annuelle : ressource par habitant

On pourrait s'attendre, par l'effet de l'élévation de la température, à une libération accélérée ou anticipée de stocks d'azote organique liée à la biomasse avec un accroissement de la pollution des nappes ou des eaux de surface par les nitrates (Robert et Stengel, 1999).

On peut également envisager une variation de la réserve des sols par modification de la porosité ; Ceci serait une conséquence des phénomènes d'humectation-dessiccation sous l'effet des contraintes climatiques hydriques et thermiques mais aussi les contraintes hydriques liées aux besoins en eau. Ces modifications difficilement réversibles seraient d'autant plus importantes que les sols sont plus argileux et contiennent de l'argile gonflante (Robert et Stengel, 1999).

Les augmentations des pluviométries prévues, en particulier dans la rive Nord de la méditerranée devrait intervenir en hiver et au printemps, auraient un impact de battance plus important sur les sols de texture limoneuse et de faible teneur en matière organique. Toute augmentation de la pluviométrie durant cette période de l'année devrait entrainer une augmentation du ruissellement et de l'érosion qui en résulte et qui affectent l'agriculture par l'inondation des parcelles (Montier et al, 1998).

Les prévisions font également état d'une fréquence plus grande des événements pluvieux intenses (orages) au cours de l'année. D'après les résultats des travaux de (Pera et al, 2004), les précipitations convectives à Barcelone dépendaient largement de la température de la mer. Une augmentation de 1°C provoquerait un accroissement de 5% de la part des précipitations convectives. Ceci est à rapprocher de l'augmentation en cours de la température de la mer Méditerranée. Ces pluies torrentielles peuvent entraîner une accentuation des phénomènes d'érosion, de ruissellement, générateurs de crues de type « cévenol », en particulier en été, qui concernent plutôt les sols en pente.

Il faut aussi signaler, l'impact de changement climatique sur les adventices. Celles-ci subiront les mêmes accélérations de cycle et bénéficieront d'autant de la fertilisation carbonée que la végétation cultivée. Plus généralement, les adventices seront en compétition pour l'eau avec les cultures d'hiver durant la phase automnale de mise en place (Delécolle et *al*, 1999). Il est donc nécessaire d'accroitre la fréquence des traitements herbicides et par conséquent plus d'impact sur la pollution du sol et de nappes d'eau souterraines. D'un autre coté, l'augmentation des précipitations conjuguées avec l'augmentation de la température amèneront à des situations plus favorables au développement de maladies cryptogamiques. On peut également s'attendre à cause des températures plus élevées à une pression plus grande des insectes et tous ravageurs de cultures vectrices de maladies. Le développement de ces maladies peut avoir des effets indirects importants notamment sur le plan sanitaire et sur la pollution de l'eau.

Au niveau des insectes, il apparaît encore peu de signes indiscutables dans le strict domaine de l'agriculture, car l'extension bien documentée vers le Nord et en altitude de la chenille processionnaire concerne le pin et donc la forêt. Il a seulement pu être observé une évolution sur le cycle du carpocapse des pommes qui a vu l'apparition d'une troisième génération et une augmentation de la diversité des populations de pucerons, accompagnée d'une précocité accrue des périodes d'activité. A l'inverse, on a pu noter une extinction du phomopsis (champignon racinaire) du tournesol dans le Sud-Ouest, fortement défavorisé par l'augmentation des températures supérieures à 32° C et éradiqué après la canicule de 2003.

Au-delà des bouleversements des systèmes écologiques complexes que représentent les relations entre hôtes, il faut également prendre en compte la possibilité de mouvements géographiques rapides qui amènent certaines maladies ou ravageurs à s'installer dans des régions où les conditions climatiques leurs sont favorables. D'où les interrogations actuelles sur des maladies émergentes dans le monde animal (fièvre du Nil sur les chevaux en Camargue, fièvre catarrhale), mais aussi végétal : une mouche blanche (Bemisia tabaci) originaire des régions subtropicales a été repérée depuis une dizaine d'années en Europe, et menace actuellement les cultures sous serre du Sud du continent.

**1-1-2-Les impacts socio-économiques du changement climatique**

Il est important de présenter l'évolution des ressources en eau et l'évolution démographique pour les pays du Sud de la méditerranée pour refléter leur vulnérabilité face aux changements climatiques. La ressource en eau est inégalement répartie entre les deux rives; Les pays de la rive Sud ne disposent que de 13% du volume total (Lahlou, 2008). Quant à l'eau destinée à l'irrigation, la disparité entre pays d'une même rive est importante, l'offre n'excède guère les 500 m3/j/habitant au Sud de la méditerranée, contre 2000 au Nord (Charef, 2008).

Selon des statistiques établies par Outlam et Engleman, pour les pays de la rive Sud de la méditerranée, pour la période 1995-2025, les populations de la Libye, de la Tunisie, de l'Algérie, du Maroc et de l'Egypte vont augmenter respectivement de 138%, 50%, 68%, 50% et 54% alors que la disponibilité de l'eau par personne va diminuer respectivement de 57%, 33%, 40.6%, 33% et 35%. D'autre part, selon un rapport en 2006 du Programme des Nations Unies pour le Développement (PNUD), 90% de la population du Moyen-Orient et de l'Afrique du Nord devraient vivre dans des pays affectés par des pénuries d'eau d'ici 2025. Ceci dit, les conséquences du réchauffement climatique devront être prises en considération dans le cadre des politiques agricoles et des aides à l'agriculture. D'autres part, face à la pénurie d'eau attendue et à l'usage important qu'en fait l'agriculture, il est probable que la priorité soit donnée à la consommation domestique et à l'industrie. L'avenir des agriculteurs pauvres dont la capacité de reconversion est limitée, doit être considéré avec attention: il est probable qu'une perte de productivité agricole accélérera l'exode rural (Hallegate et *al*, 2009).

Certains pays du Sud de la méditerranée ont adopté des décisions stratégiques pour répondre à ces nouveaux enjeux, mais la collaboration dans ce domaine est pratiquement inexistante entre les deux rives qu'entre pays voisins. Pour la rive Nord de la méditerranée, les pays ont investi plusieurs efforts et d'importants moyens pour atténuer les impacts du changement climatique. Dans le cadre de la lutte contre le réchauffement climatique et en accord avec les principes d'application du protocole de Kyoto, l'Union Européenne a mis en place un système européen de quotas d'émissions négociables (SEQEN). De plus, des efforts sont investis pour la préservation des multiples fonctions et usages de la ressource en eau qui nécessitent d'intégrer la « nouvelle donne climatique » dans les schémas d'aménagement et de gestion des eaux (Sage) au niveau des bassins versants, ainsi que dans les schémas directeurs d'aménagement et de gestion des eaux réalisés à l'échelle des agences de l'eau (Giec : Groupe d'Experts Intergouvernemental sur l'évolution du climat).

La figure 8 illustre la disparité de l'impact du changement climatique entre les deux rives de la méditerranée et sa variabilité au sein du système (Sol- Plante)

Il est donc éminemment nécessaire que des infrastructures nouvelles soient rapidement mises en place et que les politiques volontaristes des Etats méditerranéens soient supportées politiquement, financièrement et techniquement par l'Europe. Ceci est l'un des objectifs du processus de Barcelone « L'Union pour la Méditerranée » qui devrait placer l'eau au cœur des projets concrets des Etats membres.

Cependant, il faut signaler qu'au Nord de la méditerranée, la gestion de l'eau coûtera plus cher, mais elle parait maîtrisable. Ces pays disposent de trois atouts : Les finances, le savoir faire mais surtout des institutions en mesure d'anticiper les problèmes et de prendre des mesures nécessaires. Au Sud on compte peu de grandes entreprises, alors que l'entreprise de bureaucratie d'Etat reste très forte (Charef, 2008).

D'autre part, le changement climatique aura un effet sur la notion du produit terroir, dans la mesure où la notion du terroir implique une étroite adéquation entre milieu physique (Sol et climat) et les variétés et les techniques culturales. Elle implique évidement un risque de fragilité particulièrement par rapport à une évolution du climat qui engendrera un déplacement géographique des aires de culture.

La question posée est : Quel est le rôle du réchauffement climatique dans ces évolutions ?

### 1-2 Exemples de stratégies d'adaptation

L'agriculture a montré, à travers l'histoire, une grande capacité d'adaptation aux conditions changeantes avec ou sans une réponse consciente par les agriculteurs. Toutefois, il est probable que les modifications imposées par le climat changent dans l'avenir. Ces modifications ont dépassé les limites de autonomes d'adaptation, ce qui nécessite des politiques de soutien pour permettre aux agriculteurs faire face à ces changements (Iglesias et al, 2007).

Une marge appréciable d'adaptation apparaît possible en mobilisant l'expertise agronomique au sens large pour adapter les systèmes tels qu'ils sont pratiqués actuellement aux conditions climatiques modifiées (recours au matériel génétique approprié, mise au point d'itinéraires techniques adaptés, ajustement de la fertilisation et de l'irrigation, etc..).

Les sociétés se sont de tout temps adaptées aux conditions météorologiques et climatiques. Toutefois, davantage de mesures devront être prises pour réduire les répercussions de l'évolution et de la variabilité du climat et ce, indépendamment de l'ampleur des stratégies d'atténuation qui seront mises en œuvre dans les vingt à trente prochaines années (Iglesias, 2008). L'adaptation peut atténuer la vulnérabilité, surtout si elle s'inscrit dans des initiatives sectorielles plus larges. Dans ce cadre, plusieurs scénarios ont été testés pour amortir les impacts d'un réchauffement climatique global. Parmi lesquels on peut citer le changement des modes de culture et des pratiques agricoles qui demandent moins d'effort et génèrent plus de profit : par modification des dates de semis (Matthews et al., 1997 ; Trnka et al, 2004 ; Mall et al., 2004) ou le changement des cultivars (Southworth et *al.*, 200 ; Ortiz et *al.*, 2008) ou la réallocation des surfaces entre systèmes de culture (Iglesias et Minguez, 1997, Reynauds, 2008). Il s'agit donc des exemples de stratégies d'adaptation. Au niveau de la France, si les agriculteurs (et les éleveurs) font état d'une modification des calendriers culturaux qui pourrait être liée à cette particularité climatique, d'ailleurs confirmée par des analyses récentes sur les dispositifs expérimentaux de l'INRA (pratiquement un mois d'avance depuis 1970 sur les dates de semis du maïs pour quatre sites couvrant l'ensemble du territoire), il n'a pas encore été possible de l'apprécier de manière objective, pas plus que d'évaluer son poids éventuel dans l'évolution récente des rendements.

D'autre part, certaines stratégies d'adaptation tiennent compte de la réduction de la demande en eau (passer à des cultures moins consommatrices de l'eau et adoption de techniques d'irrigation plus efficaces. En effet, Reynauds (2008) montre que le changement de tactiques d'irrigation permet à l'agriculteur de limiter l'impact sur sa marge brute. Toutefois, on peut faire face aux impacts néfastes des sécheresses périodiques par l'amélioration des moyens de prédiction des périodes sèches (Reynauds, 2008). Certains agriculteurs ont recours à la diversification des moyens de subsistance (pluriactivité). En effet, en diversifiant leurs revenus, les agriculteurs peuvent améliorer leur niveau de vie (le revenu annuel peut passer de 428 USD en pratiquant seulement l'agriculture à 1621 USD en pratiquant d'autres activités non agricoles (Kelkar et *al.*, 2008). Il faut aussi signaler la mise en place de mesures de gestion de la ressource par les pouvoirs publics. Ceci permet l'émergence de nouvelles structures économiques et sociales pour pouvoir faire face à la pénurie d'eau, améliorer l'accès à l'eau disponible (Echange de propriété de l'eau, creuser des puits tubulaires profondes) ;

Les mesures d'adaptation doivent être mises en œuvre par divers acteurs publics et privés au moyen de politiques, d'investissements dans les infrastructures et les technologies, et de modifications des comportements. A l'échelle locale, les capacités de résilience des milieux et des populations apparaissent comme les maitres-mots des solutions adaptatives à moyen terme (Plan bleu, 2009).

La grande ligne est celle d'un effet variable suivant les régions et les productions, avec des zones qui peuvent y gagner dans les moyennes et hautes latitudes pour un réchauffement modéré (1 à 3° C), et les pays du Sud qui seront vraisemblablement perdants, même dans ce cas. Si l'adaptation peut permettre de valoriser l'aspect positif dans le premier cas (pour permettre des gains de rendement pouvant aller jusqu'à 10 ou même 20%) et de limiter les pertes dans le deuxième, la disponibilité de l'eau sera un enjeu majeur dans les zones à climat sec. Par ailleurs, dans tous les cas, l'hypothèse de réchauffement supérieur à 3° C conduit à des chutes sérieuses des rendements des différentes productions, et conduirait à envisager un impact catastrophique au Sud et un bouleversement de l'agriculture au Nord.

### 1-3- Changement climatique et ses conséquences en Tunisie

### 1-3-1- Introduction

Le climat de la Tunisie est très variable. La variabilité la plus importante qui caractérise ce pays est la sécheresse qui peut affecter plusieurs milieux et domaines qui sont liés à l'eau comme les barrages, les lacs collinaires, les cours d'eau, les nappes phréatiques…

En Tunisie, les ressources en eau sont fragilisées par des conditions climatiques sévères et une exploitation intensive. A cet effet, en l'absence d'une protection de ces ressources, un grand risque pourrait affecter la durabilité du développement.

En Tunisie, les changements climatiques peuvent affecter en particulier les ressources hydrauliques, les écosystèmes, l'agriculture (production de l'huile d'olive, arbres fruitiers, élevage, cultures fourragères), et l'économie d'une façon générale. De même que les tensions sur les agriculteurs et sur leurs exploitations seront accentuées avec le risque que certaines activités agricoles ne pourraient pas s'adapter, à l'avenir, aux phénomènes extrêmes des changements climatiques.

La demande agricole est beaucoup plus sensible au changement climatique. Le changement climatique pourrait changer les besoins et la durée de l'irrigation et l'augmentation de sécheresse pourrait mener à une augmentation de la demande.

Vu qu'en Tunisie la pluviométrie n'est pas suffisante pour l'agriculture pluviale et à cause de l'aridité du climat et l'irrégularité de précipitations, le recours à l'irrigation est devenu une activité agricole nécessaire. Alors le secteur irrigué est considéré comme étant le plus consommateur d'eau et le moins exigeant en qualité. Un accroissement de la rareté de l'eau se traduirait par une diminution de son allocation à l'agriculture.

Pendant les années sèches, la consommation du secteur agricole représente la consommation la plus compressible par rapport aux autres secteurs socio-économiques. Les quantités d'eau allouées au secteur de l'irrigation sont estimées à 2 milliards de m3 par an (Bzioui M, 2005).

Le secteur irrigué contribue à raison de 35% de la valeur de la production agricole, de 20% de la valeur des exportations agricoles et de 20% de l'emploi dans l'agriculture (Bzioui M, 2005). Le mode d'irrigation traditionnel gravitaire est encore largement majoritaire au niveau des parcelles.

Les périmètres irrigués intensifs et semi intensifs couvrent presque 418 000ha en 2005 dont 49,5% se situent dans le Nord, 36,2% dans le Centre et 14,4% dans le Sud. La surface irrigable représente presque 7% de la surface totale cultivable.

Ces périmètres sont effectués soit avec des investissements publics (56% de la superficie irrigable) ou bien avec des investissements privés (44% de la superficie irrigable). Les céréales représentent une proportion de 37% de la superficie agricole en Tunisie, l'arboriculture couvre 50%, le reste est occupé de cultures fourragères, de légumineuses, de maraîchage, etc.

### 1-3-2- Prévision du changement climatique en Tunisie:

La connaissance du comportement possible du climat de la région en cas de changements climatiques, est un élément de base pour toute évaluation de la vulnérabilité de cette région (Agoumi A, 2003).

Les changements climatiques en Tunisie vont subir des modifications très importantes à l'échéance future. Les prévisions de changement climatiques aux horizons 2020 et 2050 montrent bien une augmentation de la température et une baisse des précipitations. Dans la période climatique 2011-2070, cette variabilité augmentera en moyenne de 5 à 10 % par rapport à la situation du siècle passé (GTZ et MARH , 2007). Les simulations sont faites par des climatologues tunisiens sur la base de 6 scénarios de GIEC.

Les projections des changements climatiques en Tunisie sont faites suivant le modèle HadCM3[4] aux horizons 2020 et 2050. Les résultats des prévisions du modèle font référence à la période qui est caractérisée par une forte variabilité du climat (1961-1990) (GTZ et MARH , 2007).

---

[4] Le modèle HadCM3 (*Hadley Centre Coupled Model, version 3*) est développé au centre Hadley décrit par Gordon et al. Il dispose d'un contrôle de stabilité et de la climatologie, et n'utilise pas de flux d'ajustement. HadCM3 est composé de deux éléments : le modèle atmosphérique HadAM3 et le modèle d'océan (qui comprend un modèle de glace de mer)

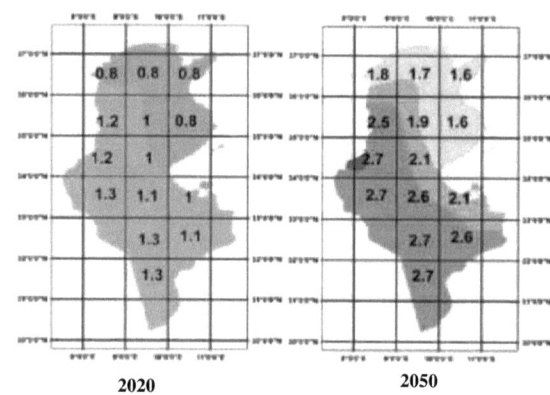

Figure 5: Projection de la température à l'échéance 2020 et à l'échéance 2050(GTZ et MARH, 2007)

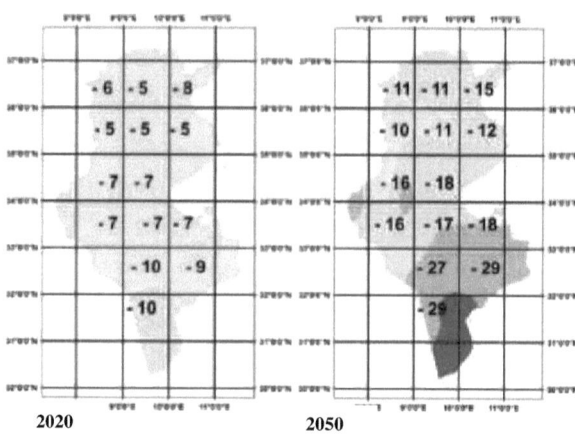

Figure 6: Projection de la précipitation à l'échéance 2020 et à l'échéance 2050(MARH et GTZ, 2007)

D'après ces graphiques on peut remarquer une augmentation moyenne annuelle de la température (T) sur l'ensemble du pays de +1,05 °C en 2020 où on peut définir 3 zones :

- La zone Nord, du Cap Bon et du Centre-Ouest où on a une augmentation faible de température moyenne (+0,8°C).

- La zone Sud-Ouest et de l'extrême Sud où l'augmentation de température est importante (+1,3°C).

- La zone de Nord-Ouest vers le Sud-Est où on a une élévation moyenne de la température (+1°C).

A l'horizon 2050 on aura une accentuation de l'augmentation de la température moyenne allant de +1,6 ° C au Nord à +2,7° C au Sud. A partir de 2020 il y a une augmentation de fréquence d'apparition des années extrêmes sèches.

On a une baisse modérée de la précipitation en 2020 (de -5 % au Nord, de -8 % au Cap Bon et Nord-Est et de -10 % à l'extrême Sud.) et en 2050 (-10 % au Nord-Ouest à -30 % à l'extrême Sud).

Avec ces contraintes climatiques les ressources en eau renouvelables ne peuvent être que modestes, fragiles et irrégulières dans le temps et dans l'espace, ce qui provoque l'accentuation de problèmes de pénurie d'eau et ce qui oblige la Tunisie de trouver de solutions urgentes pour faire face à ce défi.

On peut conclure que les changements climatiques se traduisent pour la Tunisie par une augmentation de la température moyenne annuelle, une baisse modérée des précipitations et une variabilité accrue du climat. Les spécialistes montrent bien qu'il y aura particulièrement une augmentation en fréquence et en intensité des phénomènes extrêmes, ce qui entraînera une succession plus nette des années de grande sécheresse.

Le Nord se caractérise par une faible élévation de la température et une faible baisse de précipitation.

Le Centre se caractérise par une augmentation de température plus importante que le Nord, mais la diminution de la précipitation est plus importante.

Le Sud est le sujet d'augmentation très importante de température avec une forte diminution de précipitation.

### 1-3-3- La vulnérabilité aux effets du changement climatique

L'augmentation de température, la diminution des précipitations et l'augmentation de leur variabilité provoquent une réduction et un décalage des périodes de croissance et la perte de terres productives (Arrus et Rousset, 2006).

Les résultats de la première étape de l'étude entamée en 2006 dans le cadre de l'élaboration de la 2ème communication nationale indiquent qu'une augmentation du niveau de la mer de 50 cm à l'horizon 2100 (prévision extrême sur la base des scénarios du GIEC qui est le Groupe intergouvernemental d'experts sur l'évolution du climat de l'ONU) est susceptible d'accentuer l'érosion marine dans diverses régions littorales relativement très basses comme certaines sebkhas situées dans le golfe de Hammamet et au Cap-Bon ainsi que des parties des rivages des lacs Ichkeul et Ghar El Melh et des îles de Kerkennah, Djerba et Kneïs. Cette élévation potentielle du niveau de la mer aurait aussi des impacts sur diverses composantes environnementales et sur les ressources naturelles côtières particulièrement les ressources hydrauliques, et la biodiversité marine, outre certains édifices côtiers.

Les analyses dans les différents contextes régionaux, en prenant en considération les résultats de l'étude des effets du changement climatique sur l'agriculture tunisienne, ont mis en évidence la vulnérabilité de la majorité des systèmes agraires, voire des systèmes de production aux implications des changements climatiques. En effet, même dans les régions les plus favorables à l'agriculture en sec et en irrigué, les changements climatiques avec leur implication sur les précipitations, le niveau de la mer et sur les phénomènes extrêmes ont des effets néfastes sur tout le système agraire.

En effet l'extension des superficies de cultures annuelles à la limite des zones favorables aggrave la vulnérabilité de l'agriculture aux changements climatiques qui devraient se traduire par une baisse des précipitations.

De même que l'extension de l'arboriculture (oliviers et amandiers principalement) à la limite des zones convenant à ce type de plantation, met en péril l'arboriculture tunisienne qui a caractérisé l'évolution de l'agriculture dans le pays. Il suffit de signaler à titre d'exemple que près de 60% des amandiers ont péris suite à la sècheresse à la fin des années 1990-début des années 2000. IL en est de même pour le risque encouru par les plantations d'oliviers les changements climatiques risquent de rendre impropres à ce type de plantations, même derrière les jessours.

Par ailleurs la réduction de précipitation devrait se traduire par l'exacerbation de la pression sur les ressources en eau et donc des ressources disponibles pour l'agriculture. La sècheresse constitue une contrainte des plus sérieuses, par sa fréquence d'apparition, par son intensité et par son extension spatiale. Toutes ces conditions rendent le cycle hydrologique plus vulnérable aux risques de défaillance d'eau suite à la succession des années sèches. Cette sècheresse présente le phénomène qui se caractérise par une grande préoccupation dans le domaine de gestion de ressources en eau.

Le contexte socioéconomique dans lequel évoluent les activités agricoles en Tunisie est caractérisé par une importante dynamique de développement et d'un besoin pressant d'amélioration des revenus des agriculteurs par l'exploitation maximale des potentialités agronomiques sans protection suffisante des ressources naturelles, met en évidence des menaces de durabilité des systèmes agraires de la région.

Le problème de changement climatique pourrait placer l'agriculture tunisienne en situation inconfortable puisque le volume maximal mobilisable serait à la limite des besoins (Arrus et Rousset, 2006).

### I-3-4- Adaptation face au changement climatique

Au delà de la gestion de la pression actuelle sur les ressources et sur les systèmes de production, il est important de mettre en place des actions et des mesures afin d'adapter les systèmes de production et la gestion des ressources naturelles aux changements climatiques. Il s'agit en premier lieu de sensibiliser les acteurs du secteur agricole des effets du changement climatique et des impacts attendus sur l'activité agricole et sur les ressources naturelles. Dans une seconde étape il serait opportun de prévoir des programmes d'actions par région et par système agraire afin d'adapter la production agricole à la nouvelle conjoncture.

### 1-3-4-1- Rationalisation de l'exploitation des ressources en eau

Plusieurs projets et programmes visant la rationalisation de l'exploitation des ressources en eau et la mise à niveau des GDA, ont été mis en œuvre parallèlement aux actions de valorisation des eaux mobilisées et de sécurité d'approvisionnement en eau potable et d'irrigation dont principalement l'interconnexion des barrages du Nord. Parmi ces programmes, on cite particulièrement le programme national d'économie de l'eau, le programme régional de promotion des GDA et le programme de recharge des nappes phréatiques dans les zones littorales.

Concernant la tarification de l'eau d'irrigation, le prix de vente du m3 d'eau aux exploitants a évolué de 120 millimes en 2001 à 140 millimes en 2003 et est resté constant jusqu'au 2007. Ce tarif est jugé par les agriculteurs très élevé et risque d'affecter la rentabilité des cultures les plus pratiquées notamment en prenant en considération l'augmentation des coûts des autres intrants (les frais de consommation de l'eau d'irrigation dépassent 1000 dinars pour un hectare d'artichaut par exemple).

Toutefois, les Pouvoirs publics ont cherché à formuler la bonne structure tarifaire qui permettra d'accroître la production de céréales, lait et viandes ; produits alimentaires de base et dérivés de cultures consommatrices d'eau en hiver et d'encourager l'utilisation d'autres systèmes d'irrigation plus économes en eau tels que les systèmes d'aspersion et de goutte à goutte; Ceci permettra d'encourager l'émergence de systèmes de production plus intensifs permettant une valorisation plus importante des ressources en eau.

En se référant à ces objectifs, il a été proposé une structure de tarification binôme avec :

- pour assiette de la partie fixe la superficie équipée, ce qui permettra à la fois d'encourager le respect de l'obligation de mise en valeur et de sécuriser les ressources financières du gestionnaire ;

- un volume en franchise en période hivernale, du 1er novembre au 30 mars, non reportable sur la période suivante. Le choix de ce volume dépend généralement de l'occupation moyenne du sol et du besoin des cultures pratiquées. Il constitue un plancher rationnel pour inciter les agriculteurs qui n'utilisent pas l'eau durant cette période à consommer un minimum. Ce volume est fixé à 1000 m3/ha et devrait encourager l'irrigation des céréales et des fourrages en hiver ;

- pas de franchise en été, du 1er avril au 31 octobre, période de production des cultures plus rémunératrices. La facturation au volume consommé doit encourager une meilleure gestion de l'eau par incitation à l'investissement dans les équipements d'économie d'eau.

L'hypothèse de base retenue pour la formulation de la tarification binôme est celle de la prudence maximale visant à couvrir par le terme fixe l'ensemble des charges fixes et variables du volume accordé en franchise (Abbas, 2004). Il s'agit d'une hypothèse extrême, rarement appliquée, qui a servi de référence pour des propositions plus réalistes visant à étaler une partie des charges sur la partie variable de la redevance. Ainsi, les formules tarifaires proposées sont établies selon deux hypothèses :

- la couverture des charges d'exploitation correspondant à la situation moyenne de la période 1990 – 1994 aux prix constants de 1994. Il s'agit de l'hypothèse 1 (H1) ;

- la couverture des charges d'exploitation selon les normes[5] tout en limitant l'accroissement des frais d'entretien et de gestion au double de ceux de H1 ; les provisions pour le renouvellement sont alors ajoutées. Il s'agit de l'hypothèse 2 (H2).

Pour chaque hypothèse, les décideurs ont examiné deux variantes :

- la première (A) est celle de la prudence maximale avec la couverture des charges fixes et variables des volumes accordés en franchise par le terme fixe;

- la deuxième (B) est une situation plus « raisonnable » pour laquelle, une partie des frais fixes est transférée sur la partie variable de la tarification en fonction des hypothèses de consommation.

La combinaison hypothèses-variantes donne lieu à 4 formules tarifaires binômes proposées pour être appliquées respectivement dans les anciens et les nouveaux PPI de la BVM (MA et al., 1997). La structure de ces différentes formules tarifaires binômes est présentée dans le tableau 1

Selon les décideurs au niveau des CRDA, l'application de la formule version « H1A » s'avère lourde à supporter par l'agriculteur. Il s'agit d'une formule dite « de prudence maximale » qui permet aux Pouvoirs Publics de récupérer la totalité des charges fixes et les charges variables afférentes aux volumes en franchise. La volonté des services publics spécialisés est dirigée vers l'utilisation de la formule type «H1B». Cette dernière vient combler les lacunes de la « H1A » en prévoyant le transfert d'un tiers des charges fixes du terme fixe vers le terme variable. Ainsi, les deux termes de l'équation sont jugés équilibrés.

L'État accepte de ce fait de perdre 1/3 des charges fixes imputées dans le terme variable dans le cas où les agriculteurs n'irriguent pas, ce qui est peu probable.

---

[5] Normes établies par la FAO et la Banque Mondiale.

Tableau 1 : Structure des différentes tarifications binômes

| | Termes fixes | Termes variables | Indices |
|---|---|---|---|
| Les anciens PPI | 103,9 DT * ha équipés | [(cons.hiver en 1000 $m^3$) - (ha équipés * 1000 $m^3$) + (cons.été en 1000 $m^3$)] * 9,5 DT | H1A |
| | 72,5 DT * ha équipés | [(cons.hiver en 1000 $m^3$) - (ha équipés * 1000 $m^3$) + (cons.été en 1000 $m^3$)] * 41 DT | H1B |
| | 245,6 DT * ha équipés | [(cons.hiver en 1000 $m^3$) - (ha équipés * 1000 $m^3$) + (cons.été en 1000 $m^3$)] * 9,5 DT | H2A |
| | 166,9 DT * ha équipés | [(cons.hiver en 1000 $m^3$) - (ha équipés * 1000 $m^3$) + (cons.été en 1000 $m^3$)] * 88,2 DT | H2B |
| Les nouveaux PPI | 70,5 DT * ha équipés | [(cons.hiver en 1000 $m^3$) - (ha équipés * 1000 $m^3$) + (cons.été en 1000 $m^3$)] * 18,9 DT | H1A |
| | 53,3 DT * ha équipés | [(cons.hiver en 1000 $m^3$) - (ha équipés * 1000 $m^3$) + (cons.été en 1000 $m^3$)] * 36,1 DT | H1B |
| | 174,8 DT * ha équipés | [(cons.hiver en 1000 $m^3$) - (ha équipés * 1000 $m^3$) + (cons.été en 1000 $m^3$)] * 18,9 DT | H2A |
| | 122,9 DT * ha équipés | [(cons.hiver en 1000 $m^3$) - (ha équipés * 1000 $m^3$) + (cons.été en 1000 $m^3$)] * 70,9 DT | H2B |

En conclusion, les Pouvoirs Publics ont l'intention de commencer dans le court terme par l'application de la formule « H1B » et d'enchaîner dans le moyen terme par l'application de la formule « H2B ».

### 1-3-4-2- Cadre institutionnel des changements climatiques en Tunisie

La Tunisie a signé la Convention Cadre des Nations Unies sur les Changements Climatiques (CCNUCC), à Rio en 1992, puis la ratifiée en juillet 1993.

Le comité national sur les changements climatiques (CNCC) a été mis en place en 1996 et devenu une structure focale à partir de 2001. Ce comité groupe un ensemble d'organismes qui sont concernés par la problématique des changements climatiques (CIEDE, 2003), comme: le point focal de la Convention sur les Changements Climatiques, la Direction de la Coopération Internationale et la Direction des Affaires Juridiques du Ministère de l'Agriculture, de l'Environnement et des Ressources Hydrauliques.

Le rôle principal du CNCC est de coordonner les travaux liés aux changements climatiques et participer aux négociations internationales notamment au niveau des Conférences des Parties et des réunions des Organes Subsidiaires de la Convention (CIEDE, 2003).

### 1-3-5- Conclusion :

En Tunisie, l'agriculture irriguée consomme 81% de ces ressources. De plus, la majorité des ressources en eau en Tunisie sont des eaux de surface, ce qui rend ces ressources très vulnérables à l'augmentation de température, et par la suite à l'évaporation.

En se basant sur le modèle HadCM3 qui est utilisé pour prévenir les changements climatiques en Tunisie, on a déduit une augmentation de la température moyenne annuelle, une baisse modérée des précipitations et une succession des années de très forte sècheresse. La zone la plus touchée par cette sècheresse est le Sud.

Il n'en demeure pas moins qu'il nous semble encore nécessaire de réaliser des études ciblées mais avec une méthodologie rénovée et améliorée au niveau des indicateurs de suivi et du choix du niveau d'analyse. Ces études au niveau des gouvernorats devraient permettre d'avoir une vision et une stratégie pour une agriculture et un développement durable.

## 2- Objectifs de la recherche

Les pistes à explorer dans ce travail, pour évaluer les conséquences du changement climatique s'orientent sur les deux aspects scientifiques et politiques. Pour les aspects scientifiques, ce travail vise à la connaissance affinée de la variabilité climatique régionale et locale et la recherche d'indices d'impacts du changement climatique (systèmes de culture, rendement, ressources en eau,). Pour cela, on va passer des modèles globaux à des scénarios d'impacts et d'évolution à l'échelle locale tout en tenant compte des liens pluridisciplinaires et de la collaboration régionale (figure 7). En ce qui concerne les aspects 'politiques', l'objectif du travail et de passer de la gestion des crises à la gestion des risques à travers l'analyse de toutes les causes (géophysiques, économiques, sociales, gouvernance, externes) selon une approche d'intégration des politiques (à travers la tarification de l'eau). Ceci permet d'établir des liens entre la science et la décision pour promouvoir les savoirs locaux tout en utilisant des indicateurs de suivi des stratégies.

Ce travail vise à :

1- Evaluer, en s'appuyant sur un modèle bioéconomique, les systèmes de production de la Basse Vallée de Madjerda. Cette évaluation s'effectuera en calculant les indicateurs économiques (Revenu) et environnementaux ( Consommation en eau, salinité du sol).

2- Proposer et évaluer des stratégies d'adaptation techniques ( Nouveau système d'irrigation) et politiques ( Nouveau système de tarification) pour atténuer les effets négatifs du changement climatique sur les systèmes de production de la Basse vallée de Medjerda.

## 3- Hypothèses de la recherche

*Hypothèse1* : Les effets du changement climatique affecteront surtout les rendements des cultures par l'effet cumulé de l'augmentation des besoins en eau des cultures et de l'augmentation de la salinité des sols. Ces effets peuvent être évités par une maitrise de l'irrigation, de manière à satisfaire les nouveaux besoins des cultures en ayant recours à l'irrigation localisée « goutte à goutte » pour les cultures maraîchères et par aspersion pour les cultures céréalières.

*Hypothèses 2* : Un système de tarification « binomiale » peut pousser les agriculteurs à mettre en place des cultures hivernales moins exigeantes et plus économiques en eau et par conséquent une meilleur maitrise de la salinité du sol.

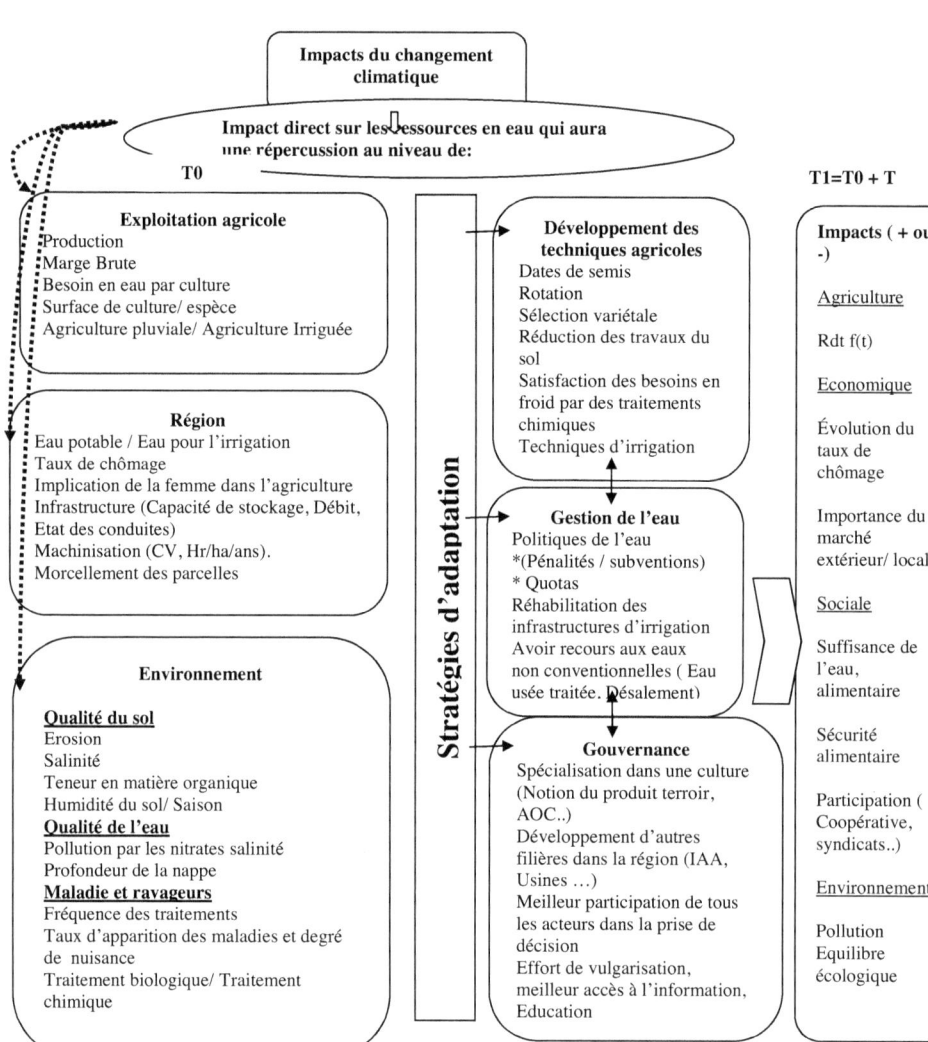

Figure 7: Les impacts potentiels du changement climatique sur les différentes échelles du système administré (exploitation, région) et environnemental et les stratégies d'adaptations envisageables pour atténuer ces effets négatifs (élaboration personnelle)

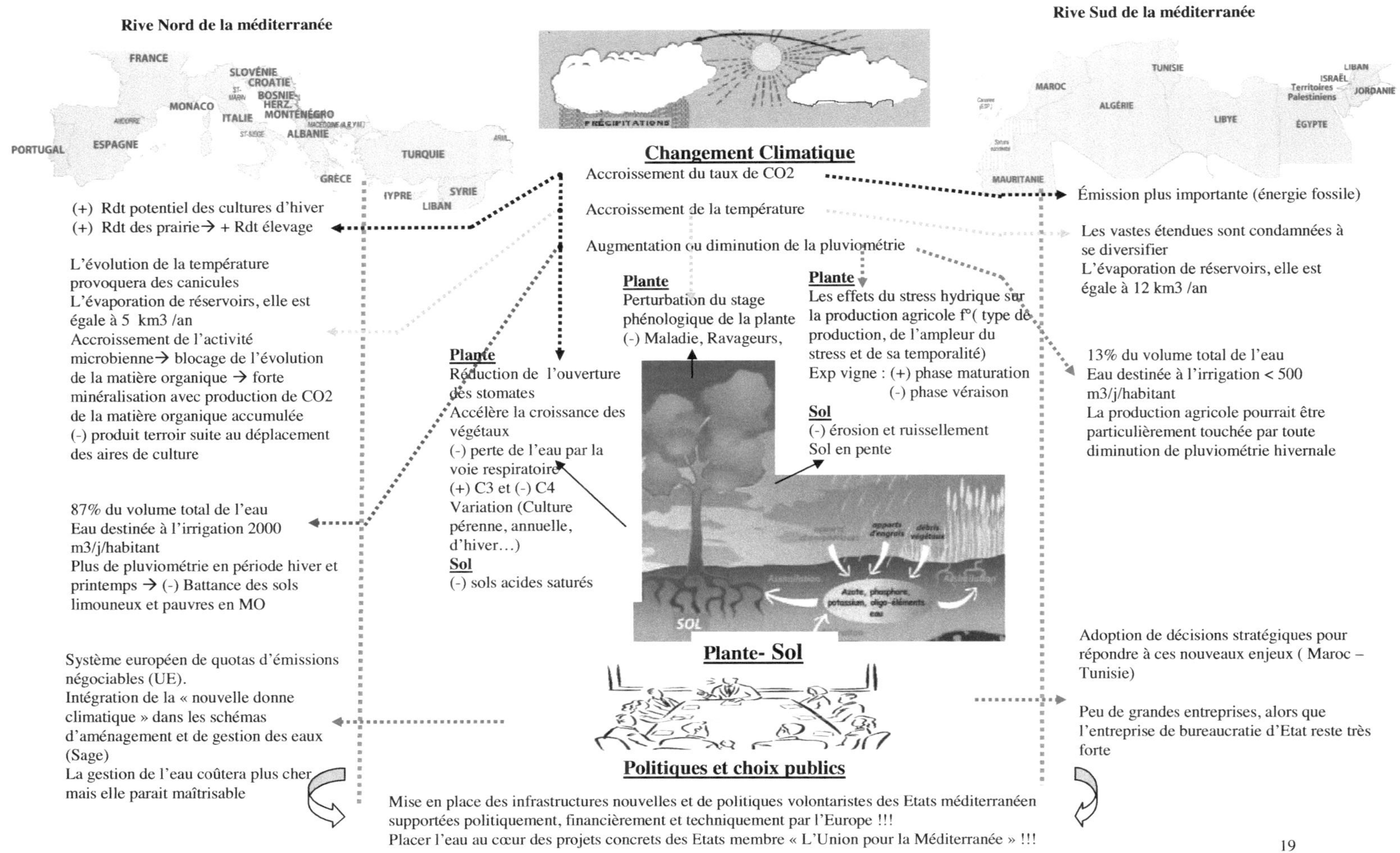
Rive Nord de la méditerranée
FRANCE
SLOVÉNIE
CROATIE
ST-MARIN
BOSNIE-HERZ.
MONACO
ITALIE
MONTÉNÉGRO
ANDORRE
ST-SIÈGE
ALBANIE
PORTUGAL
ESPAGNE
TURQUIE
GRÈCE
IYPRE
SYRIE
LIBAN
PRÉCIPITATIONS
Rive Sud de la méditerranée
TUNISIE
MAROC
ALGÉRIE
LIBYE
ÉGYPTE
LIBAN
ISRAËL
Territoires Palestiniens
JORDANIE
MAURITANIE
Changement Climatique
Accroissement du taux de CO2
Accroissement de la température
Augmentation ou diminution de la pluviométrie
(+) Rdt potentiel des cultures d'hiver
(+) Rdt des prairie → + Rdt élevage
L'évolution de la température provoquera des canicules
L'évaporation de réservoirs, elle est égale à 5 km3 /an
Accroissement de l'activité microbienne → blocage de l'évolution de la matière organique → forte minéralisation avec production de CO2 de la matière organique accumulée
(-) produit terroir suite au déplacement des aires de culture
87% du volume total de l'eau
Eau destinée à l'irrigation 2000 m3/j/habitant
Plus de pluviométrie en période hiver et printemps → (-) Battance des sols limouneux et pauvres en MO
Plante
Réduction de l'ouverture des stomates
Accélère la croissance des végétaux
(-) perte de l'eau par la voie respiratoire
(+) C3 et (-) C4
Variation (Culture pérenne, annuelle, d'hiver…)
Sol
(-) sols acides saturés
Plante
Perturbation du stage phénologique de la plante
(-) Maladie, Ravageurs,
Plante
Les effets du stress hydrique sur la production agricole f°( type de production, de l'ampleur du stress et de sa temporalité)
Exp vigne : (+) phase maturation
(-) phase véraison
Sol
(-) érosion et ruissellement
Sol en pente
Émission plus importante (énergie fossile)
Les vastes étendues sont condamnées à se diversifier
L'évaporation de réservoirs, elle est égale à 12 km3 /an
13% du volume total de l'eau
Eau destinée à l'irrigation < 500 m3/j/habitant
La production agricole pourrait être particulièrement touchée par toute diminution de pluviométrie hivernale
SOL
Azote, phosphore, potassium, oligo-éléments eau
Plante- Sol
Système européen de quotas d'émissions négociables (UE).
Intégration de la « nouvelle donne climatique » dans les schémas d'aménagement et de gestion des eaux (Sage)
La gestion de l'eau coûtera plus cher mais elle parait maîtrisable
Politiques et choix publics
Adoption de décisions stratégiques pour répondre à ces nouveaux enjeux ( Maroc – Tunisie)
Peu de grandes entreprises, alors que l'entreprise de bureaucratie d'Etat reste très forte
Mise en place des infrastructures nouvelles et de politiques volontaristes des Etats méditerranéen supportées politiquement, financièrement et techniquement par l'Europe !!!
Placer l'eau au cœur des projets concrets des Etats membre « L'Union pour la Méditerranée » !!!

Figure 8 : Schéma illustrant la disparité de l'impact du changement climatique entre les deux rives de la méditerranée et sa variabilité au sein du système (Sol- Plante)
(élaboration personnelle)

# Chapitre 2 : La zone d'étude : Basse vallée de la Medjerda

Ce chapitre présente une monographie assez détaillée de la région et de son potentiel agronomique, analyse les principaux handicaps entravant la bonne conduite de l'irrigation et met en exergue le programme d'intervention de l'État tant sur le plan de la qualité de l'eau d'irrigation que sur sa tarification.

## 1- Description de la zone d'étude

En Tunisie, le secteur irrigué à partir des eaux de surface s'identifie historiquement à la basse vallée de la Medjerda. L'Etat Tunisien a visé la modernisation du pays et le développement des activités économiques stables. Dans ce cadre, il a choisi de développer et d'intensifier l'agriculture visant un objectif d'autosuffisance alimentaire. La première région aménagée pour l'agriculture irriguée était la basse vallée de Medjerda. Cette dernière comprenait les terres fertiles laissées par les colons et surtout elle disposait d'une ressource déjà mobilisée (Barrage Larousia et Mellègue). Cette politique de développement du secteur irrigué dans la Basse Vallée de Medjerda s'est poursuivie jusqu'à nos jours. Dans l'actuelle décennie, il a été créé environ 12000 ha de nouveaux PPI irrigués sous pression.

La Basse Vallée de la Medjerda est considérée comme le "château d'eau" de la Tunisie, puisque la ville de Tunis, voire toute la Tunisie est alimentée en majeure partie par les eaux provenant de cette zone. Or, cet important réservoir d'eau risque d'être dégradé par les rejets d'eaux polluées par les villes riveraines.

### 1-1- Situation géographique

La BVM est située au Nord-Est de la Tunisie à une latitude et une longitude moyennes respectivement de 36° 50 et 9° 75. Elle se réparti entre les deux gouvernorats de l'Ariana et de Bizerte au Nord de la capitale Tunis et de part et d'autre de l'oued Medjerda en aval de barrage de Laroussia jusqu'à la mer en passant par la station de pompage P0 à Tobias. Dans le cadre de ce travail on a limité la zone d'étude aux seuls PPI alimentés exclusivement par les eaux de surface de l'oued Medjerda et dont on distingue les anciens PPI des nouveaux PPI : les anciens PPI (25828 ha de SAU) sont irrigués par des eaux en provenance du barrage de Laroussia, alors que les nouveaux PPI (7345 ha de SAU), en aval des anciens PPI, sont alimentés en eau grâce à la station de pompage P0 à Tobias.

### 1-2- Climat

Les données climatiques les plus significatives pour la BVM sont celles relevées à la station météorologique de Cherfech (Voir tableau 2). La région appartient à l'étage bioclimatique semi-aride à hiver doux. Elle reçoit une pluviométrie annuelle moyenne de 450 mm avec des variations assez fortes allant de 250 mm à 750 mm.

Tableau 2 : Données climatiques enregistrées dans le périmètre public irrigue (1980-2002).

| Mois | Janvier | Février | Mars | Avril | Mai | Juin | Juillet | Août | Septembre | Octobre | Novembre | Décembre |
|---|---|---|---|---|---|---|---|---|---|---|---|---|
| $T_{min}$ (°C) | 6,1 | 5,9 | 7,0 | 8,5 | 12,1 | 16,1 | 17,7 | 19,0 | 17,3 | 13,9 | 9,8 | 6,9 |
| $T_{max}$ (°C) | 15,7 | 16,4 | 18,4 | 21,3 | 26,1 | 30,4 | 33,5 | 33,8 | 30,6 | 26,3 | 20,7 | 17,0 |
| $P$ (mm) | 70 | 56 | 37 | 34 | 24 | 7 | 3 | 10 | 38 | 47 | 54 | 63 |
| $ET_0$ (mm) | 31 | 41 | 69 | 94 | 133 | 155 | 177 | 159 | 111 | 72 | 41 | 29 |
| $BEt$ (mm) | | | | 45 | 100 | 180 | 200 | 130 | 80 | | | |

Où $T_{min}$ et $T_{max}$ désignent respectivement les températures minimale et maximale,
$P$ la pluie et $ET_0$ l'évapotranspiration de référence.

## 1-3- La pédologie

Les sols s'étendent sur un relief à faible pente et sont soit peu évolués d'apport alluvial à caractère vertique, soit calcimagnésiques ou bruns calciques:

- les sols vertiques proches de la roche-mère marneuse sont argileux et assez profonds. Ils sont généralement pauvres en matière organique en raison d'une mise en culture fort ancienne et contiennent en outre une certaine proportion de sels d'origine pétrographique (sulfates, chlorures). Irrigués, ils exigent certains travaux de drainage sous risque de salinisation et/ou d'hydromorphie. Les grandes cultures (céréales et fourrages) constituent normalement leur vocation agronomique.

- les sols calcimagnésiques ou bruns calcaires se forment souvent sur des roches-mères calcaires et se localisent sur les glacis faisant la transition morphologique entre les reliefs et la plaine. L'horizon de surface est de couleur brune, de texture équilibrée fortement calcaire et de structure fine à grumeleuse fine, parfois caillouteuse, poreuse et aérée, donc perméable et manquant de réserves en eau. Leur teneur en matière organique est faible et ils peuvent présenter une accumulation de carbonates ou de sulfates. Ces sols s'adaptent aux cultures maraîchères et aux arboricultures résistantes surtout au calcaire.

D'une manière générale, la texture des sols est le plus souvent argileuse à limoneuse et par endroit sableuse (anciens bourrelets de berges). Les cartes de la texture du sol pour deux horizons (< 30 cm et > 30 cm) permettent de dégager la diversité de cette texture. La superposition des deux cartes nous a permis de distinguer 8 différentes classes du sol (tableau 3 et figure 9).

Tableau 3 : Les caractéristiques des différentes classes du sol

| Classes du sol | Texture 0 – 30 cm | Texture >30 cm | Superficie (ha) |
|---|---|---|---|
| S1 | Argileux | Argileux | 1116,50 |
| S2 | Argileux | Argilo-limoneux | 3399,15 |
| S3 | Argilo-limoneux | Argileux | 2031,50 |
| S4 | Argilo-limoneux | Argilo-limoneux | 13997,28 |
| S5 | Argilo-limoneux | Sableux | 1811,15 |
| S6 | Argilo-limoneux | Sablo-limoneux | 4713,15 |
| S7 | Limoneux | Limoneux | 4665,00 |
| S8 | Limono-argileux | Limono-argileux | 1440,00 |

(*) : mesurée en 1995

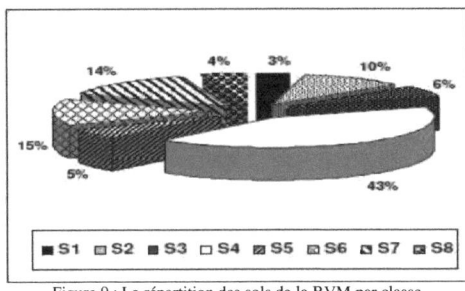

Figure 9 : La répartition des sols de la BVM par classe

## 1-4- L'infrastructure hydraulique

La région de la BVM est un véritable carrefour d'infrastructure hydraulique. Mais on ne peut pas évoquer cette infrastructure de l'amont à l'aval sans présenter le grand barrage de Sidi Salem en amont du barrage de Laroussia qui assure le débit d'étiage sur l'ensemble du cours de la Medjerda (MA et al, 1998).

Une classification des PPI établie en 1997 par le ministère de l'agriculture selon l'importance géographique situe la BVM en première position. La BVM abrite presque le quart des superficies irriguées du pays. Si les anciens PPI dépendent à la fois des eaux de surface mobilisées par les barrages (barrage Laroussia) et des puits privés, les nouveaux PPI sont exclusivement alimentés par les eaux des barrages du Nord (Le complexe Tobias).

**Le barrage de Laroussia** a été mis en service en 1954. La fonction initiale et principale du barrage reste le contrôle du plan d'eau en amont des prises d'eau des canaux de l'Ariana et de Medjerda-Cap-Bon. Accessoirement, il assure une production électrique en période de pointe sur le réseau électrique lorsque la disponibilité en débit ou volume sur l'oued ou dans la retenue permet un turbinage d'au moins une heure (100000 m3. La qualité de l'eau sur la période 1988-97 révèle que la salinité est comprise entre 1.0 et 2.7 g/l. La salinité estivale est comprise entre 1.1 et 1.9 g/l et hivernale entre 1.2 et 2.4 g/l. L'accroissement de la salinité entre Sidi Salem et Laroussia est d'environ 0,5 g/l. Dans les conditions actuelles d'aménagement, la projection de la salinité des eaux de Laroussia à l'horizon 2030 effectuée par l'étude de la qualité des eaux dans le cadre du projet hydro-agricole Kalaat Landalous – Ras Djebel (MA et al, 1998) a donné une salinité estivale de 2,6 g/l et hivernale de 3,0 g/l.

**Le complexe de Tobias** est le point de prélèvement de l'eau d'irrigation par pompage sur l'oued Medjerda. Cette infrastructure, destinée exclusivement à la fourniture d'eau d'irrigation, se compose d'unités de transfert et stockage à ciel ouvert et d'unités d'adduction et de distribution en réseaux de conduites enterrées. L'exploitation de cette infrastructure primaire est confiée à la SECADENORD alors que l'exploitation et la maintenance des réseaux propres aux périmètres sont du ressort des CRDA de l'Ariana et Bizerte. Dans les conditions actuelles d'aménagement et à partir des projections des salinités à Laroussia vers 2030, les salinités au niveau du barrage mobile de Tobias seraient en moyenne les suivantes :

- saison estivale : 3,8 g/l contre 2,4 g/l sur la période 1993- 97 ;

- saison hivernale : 5,0 g/l contre 3,3 g/l sur la période 1993- 97.

## 1-5- La production agricole

La production végétale dans la BVM est marquée par sa diversité puisque les espèces cultivées sont nombreuses. L'occupation du sol par groupe d'espèces durant la campagne agricole 1999/2000 donne une répartition égalitaire entre l'arboriculture, les céréales (y compris les légumineuses) et les fourrages en totalisant près de 80% de la superficie effectivement cultivée. Alors que le maraîchage ne s'est développé que sur un peu plus de 19% de cette superficie. On note également la faible introduction de la jachère dans les assolements et le non développement d'un véritable système de culture en étages puisque les cultures intercalaires, principalement entre les oliviers, ne sont qu'à 0.5% de la superficie effectivement cultivée. Par catégorie de périmètres, cette occupation du sol s'est traduite par la dominance de l'arboriculture dans les anciens PPI et le bon développement des cultures fourragères dans les nouveaux PPI.

La conduite en sec dans la BVM est importante (près de 29% de la superficie effectivement cultivée) dès lors que 58% des céréales, 31% des fourrages et 20% de l'arboriculture sont conduits sans faire appel à l'eau d'irrigation. Aussi le maraîchage d'hiver domine celui d'été avec 58% des superficies allouées. Ceci explique d'une part, la très faible consommation d'eau par hectare irrigable ou équipé (1258 m3/ha) alors que la quantité allouée est cinq fois plus élevée, et d'autre part, le faible taux d'intensification (78%) alors que le taux espéré lors de la création de la plupart des PPI était de 110% (Abbas, 2004).

## 2- Les problèmes du secteur irrigué de la Basse vallée de Medjerda

### 2-1- La dégradation progressive de la qualité d'eau d'irrigation dans la vallée de Medjerda

Les réseaux des périmètres publics irrigués de la Basse Vallée de la Medjerda, qui ont été aménagés depuis 50 ans, ont pris de l'âge et n'assurent plus le transit rationnel de l'eau.

Au cours des deux dernières décennies, l'intensification agricole en irrigué, le développement de l'urbanisme et des activités artisanales et industrielles dans la vallée de Medjerda a accéléré la dégradation de la qualité de l'eau d'irrigation. Cette dégradation qualitative de l'eau d'irrigation consiste principalement en deux nuisances de taille :

- La salinité excessive pendant les années sèches;

- La présence d'algues et de boue dans les réseaux d'irrigation sous pression.

Nous présentons ci-après la salinité de l'eau d'irrigation dans le système hydraulique de la Medjerda.

Entre le barrage de Sidi Salem et celui de Laroussia, quelques Oueds se versent dans la Medjerda, parmi eux l'oued Siliana et les drains de plusieurs périmètres débouchant dans la rivière. La salinité à Laroussia est donc un peu plus élevée que dans le barrage de Sidi Salem (0,4 à 0.5 g/l en plus) et elle présente des fluctuations inter et intra-annuelles.

En aval du barrage de Laroussia, la salinité monte encore en raison de l'existence d'importants rejets de sel dans la Medjerda, ces rejets proviennent de certains Oueds salins et des émissaires des systèmes de drainage de divers périmètres irrigués longeant la Medjerda.

En 1998, une étude de la salinité dans le tronçon « Barrage Laroussia –Kalaat Lansdalouss/ Ras Djebel » menée par le ministère de l'agriculture a montré l'importance des différentes sources de salinité de l'eau. Ces dernières sont évaluées en période estivale à 14,4 tonnes/mois de sel pour 5,7 millions de m3 d'écoulement. Le tableau 4 ci-après récapitule les principales sources de pollution et leur contribution dans la montée de la salinité de l'eau d'irrigation en aval du bassin hydrologique de Medjerda.

Tableau 4 : Importance de la salinité de l'eau dans le tronçon « Barrage Laroussia- Kalaat Landalous/Ras Djebel »

| Source de salinité | Contribution en % | Teneur en sel (g/l) |
|---|---|---|
| Oueds salins et émissaires de drainage | 32 | 5 à 8 |
| Nappes phréatiques | 17 | 2 à 6 |
| Eaux usées et intrants agricoles | 2 | --- |
| Lachures au niveau de Laroussia | 49 | 1.7 |

Source : Ministère de l'agriculture, 1998.

## 2-2- Impact de la salinité de l'eau d'irrigation sur les activités agricoles

En termes d'impact, le problème de la dégradation de la qualité de l'eau d'irrigation a été à l'origine d'une dynamique négative des systèmes de production (disparition pure et simple de certaines cultures rémunératrices telle que la pomme de terre en extrême aval de la Basse Vallée de Medjerda), la chute des rendements d'autres cultures et l'apparition de certaines pratiques économiques des exploitations agricoles. Le tableau 5 présente des estimations des baisses de rendements (en %) dues à l'irrigation par les eaux salées dans la BVM.

Tableau 5 : Estimation des baisses de rendement dues à la salinité d'eau d'irrigation (en %)

| Cultures | Salinité des eaux d'irrigation en g/l | | |
|---|---|---|---|
| | 2,4 à 3,3 | 2,0 à 2,5 | 1,7 à 2,1 |
| Céréales | 0 - 10 | 0 - 10 | 0- 10 |
| Fourrages | 5- 15 | 5- 15 | 3 -10 |
| Maraîchage d'hivers | 7 - 12 | 7 - 10 | 5 – 8 |
| Maraîchage d'été | 15 - 25 | 10 - 20 | 6 -20 |
| Arboriculture | 10 - 30 | 10 - 25 | 5 – 20 |
| Agrumes | 100 | 100 | 50 |

Source : Ministère de l'agriculture, 1998

Le tableau ci de-dessus montre que les fortes salinités peuvent rayer les agrumes de la liste des activités agricoles. L'arboriculture fruitière et le maraîchage d'été sont aussi sujets à des dégâts importants alors que le reste des activités agricoles dont notamment les céréales, les fourrages et le maraîchage sont moins affectés.

### 2-3- Le drainage

Le moins qu'on puisse dire est que la situation du drainage est dramatique dans la BVM, surtout pour les anciens PPI. En effet, si la superficie irrigable est totalement drainée pour les nouveaux PPI, les anciens PPI ne comptent que sur 7% de leur superficie irrigable à être équipée d'un réseau de drainage fonctionnel. Ceci est une traduction parfaite du manque des opérations de maintenance. Lorsqu'on connaît l'importance du drainage pour lutter contre le risque de salinisation et/ou d'hydromorphie, on ne peut que lancer un appel d'urgence pour rétablir un drainage adéquat sur les anciens PPI ; une condition nécessaire pour promouvoir une irrigation efficace sur les sols lourds de la région.

### 2-4- La viabilité des systèmes de production dans la basse vallée de Medjerda

Selon les données de la FAO (1985), les teneurs en sels de 4 dS/m[6] dans la zone racinaire conduisent à des fortes baisses des récoltes. Le tableau 4 donne sous les différents volumes d'irrigation et de salinité des eaux d'irrigation, les durées fortes probables de l'atteinte du seuil de salinité critique de 4 dS/m.

Tableau 6 : Durée d'irrigation (en année) pour atteindre le seuil critique en teneur en sel de 4 ds/m

| Salinité de l'eau d'irrigation en g/l | Doses appliquées en m3/ha | | | |
|---|---|---|---|---|
| | 1700 | 2500 | 3000 | 4500 |
| 2 | 15 | … | … | … |
| 2.5 | 7 | 6 | 6 | … |
| 3 | 5 | 2 | 2 | … |
| 3.5 | 2 | 1 | 1 | 1 |

Source : Ministère de l'agriculture, 1998

---

[6] 1 dS/m = 1 mmho/cm = 700 mg/l (FAO, 1992).

Le seuil critique de 4 ds/m peut être atteint au bout de 15 ans d'application d'un volume d'eau de 1700 m3/ha avec une salinité de 2g/l. Pour une application d'un volume d'eau de 3000 m3/ha à une salinité moyenne de 3g/l, la valeur critique de teneur en sel du sol serait dépassée au bout de 2 ans. Pour une application d'une dose de 4500 m/ha et à des salinités de 2 ; 2,5 et 3 g/l la valeur critique de teneur en sel ne sera jamais atteinte. C'est uniquement avec une salinité d'eau d'irrigation de 3,

5 g/l que cette situation est atteinte dès la première année d'irrigation.

Face aux dangers de la montée progressive de la salinité des eaux d'irrigation et de la salure des sols dans la BVM, la viabilité des systèmes de production dans la BVM est plus que jamais remise en cause. En effet, la question qui se pose est de savoir à moyen et à long terme et sans une intervention anti-salinité de la part des puissances publiques, quelle serait la composition probable des systèmes de production (en terme d'activité) ou en d'autres termes quelles sont les cultures qui peuvent résister à la montée de la salinité ?

Les problèmes réels du secteur irrigué en Tunisie liés à l'eau d'irrigation sont tous existants dans la BVM. En effet cette zone géographique avec ses problèmes délicats de distribution de l'eau d'irrigation (qui étaient à l'origine de la connexion des barrages et de la mobilité des eaux du Nord) et de la dégradation progressive de la qualité de l'eau incarne bien la problématique de notre recherche et pourrait servir de site favorable pour répondre à la grille des interrogations précédemment posées.

Un autre argument de taille qui a guidé notre choix de cette zone pour servir de champ à notre travail est la perception des décideurs de la nature des grands problèmes qui affectent les principaux PPI irrigués en l'occurrence, la Basse Vallée de la Medjerda.

# Deuxième Partie : Cadre théorique et méthodes de recherche

1- Cadre théorique : La modélisation et le changement climatique

La modélisation des changements climatiques est une discipline scientifique qui utilise des notions de mathématiques basées sur des représentations afin de renforcer la compréhension et la prévision des futurs changements climatiques, et d'évaluer des stratégies d'atténuation des changements climatiques. Une grande variété de modèles est actuellement en cours d'utilisation par les décideurs et les chercheurs, pour estimer le réchauffement à venir et leur impact, ainsi que les coûts de l'atténuation du changement climatique et le rôle de la technologie et la politique en matière de réduction des coûts de l'atténuation. Cette révision porte sur des modèles d'énergie, les modèles d'évaluation intégrée, et les modèles du système terrestre: Historiquement, ces trois types de modèles ont été développés indépendamment par différents groupes, et utilisés à différentes fins. Ces modèles sont de plus en plus précis et complets permettant ainsi une meilleure simulation du processus de l'environnement général, néanmoins, de nouvelles incertitudes apparaissent, notamment sur le plan socio-économique.

De nos jours, l'analyse des impacts potentiels du changement climatique sur les ressources en eau ont pris beaucoup d'intérêts de la part des hydrologistes. A cette fin, des modèles hydrologiques ont été utilisés (Fujihara et *al.*, 2008) en se basant sur les données des modèles de circulation générale (GCM[7],...) (Wilby et *al.,* 2000 ; Hay et *al.*, 2002 ; Hay et Clark, 2003 ; Wood et *al.*, 2004) ; pour la projection et la compréhension des effets du changement climatique global. L'utilisation de ce type de connections de modèle semble facile aux hydrologistes à cause de la facilité d'accès aux données. Ces modèles ont été utilisés pour tester les effets de l'augmentation des températures et la diminution des précipitation sur les stocks en eau dans les bassins versant (Wilby et *al.*, 2000 ; Hay et *al.*, 2002 ; Hay et Clark, 2003 ; Wood et *al.*, 2004) mais aussi pour tester des scénarios de la capacité future d'utilisation de l'eau en irrigation (Fujihara et al., 2008).

Pour évaluer les systèmes agricoles dans un contexte de changement climatique, plusieurs méthodes ont été utilisées.

Les modèles utilisés par le GIEC sont conçues pour rendre les prévisions mondiales. Ces dernières sont utilisées pour obtenir une perspective régionale, sans que les facteurs locaux soient pris en compte. Le CERCLE MED initiative de recherche sur la gestion de l'eau dans les secteurs côtiers a permis aux agriculteurs de partager leurs expériences et de développer leur savoir-faire, mais il n'a pas favorisé les échanges entre les scientifiques, décideurs, société civile, le secteur privé et le grand public.

---

[7] GCM : General Circulation Model

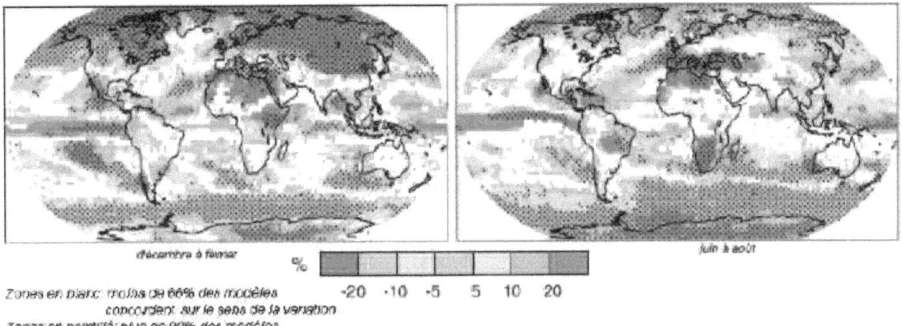

Figure 10 : Projection multi modèles des variations du régime des précipitations

Stern Model sont des modèles économiques avec, dans plusieurs cas, une certaine intégration avec des modèles bio physiques simples. Stern utilise ces modèles pour simuler une gamme de trajectoires de changement de température et de leurs impacts économiques et sociaux. Ces trajectoires couvrent un éventail de résultats, mais il y a un groupe central. Il interprète cette distribution comme une distribution de probabilité des résultats futurs possibles. Le modèle PAGE2002 utilise des équations relativement simples pour rendre compte des phénomènes complexes climatiques et économiques. Cela se justifie parce que les résultats se rapprochent de ceux de la plupart des simulations climatiques complexes. Plus précisément, il donne une distribution de probabilité des revenus futurs au titre du changement climatique, où le climat axé sur les dommages et les coûts d'adaptation au changement climatique sont soustraits à partir d'une projection de croissance du PIB de référence. Néanmoins, ces modèles devraient être considérés comme une contribution à cette discussion. Ils devraient être traités avec une grande circonspection. Il y a un danger, parce qu'ils sont quantitatifs, ils seront pris trop à la lettre. Ils ne devraient pas l'être. Ils ne sont qu'une partie d'un argument. Mais ils peuvent avoir, et, nous aide à acquérir une certaine compréhension de la taille des risques encourus, une question qui est au cœur de l'économie du changement climatique. (Stern, 2006)

Les modèles de culture était à l'origine de plusieurs études pour la simulation de scénarios permettant de faire face aux effets multiples du changement climatique dans différentes régions: la chine (Wei et al., 2008 ), le sud des Etats Unis (Baethgen et al, 2009), l'Inde et la Floride (Boote et al., 2009), l'Afrique du sud (Crespo et al., 2009) , etc.

La plupart de ces recherches n'incluent pas les mesures d'incertitude liées aux projections climatiques et assument que la technologie reste inchangée durant les années qui couvrent l'horizon d'étude.

Ces deux limites peuvent réduire radicalement la valeur de la recherche sur le réchauffement climatique nécessaire à la mise en place de politiques et pour la prise de décision. En effet, les décisions qui se basent sur des scénarios climatiques déterministes sont inadéquates et mal adaptatives. Tandis que les politiques qui se basent sur des études d'adaptation considérant les évolutions technologiques peuvent réduire la vulnérabilité liée au climat (Baethgen et al., 2009).

Pour remédier à ces problèmes, certaines études proposent, en se basant sur des projections GCM et sur les changements climatiques observés durant les dernières décennies, de générer des projections climatiques probabilistes (Baethgen et al., 2009). Après quoi, ces données vont être utilisées comme inputs dans les modèles de cultures (Iglesias et Miringues, 1996 ; Boote *et al.*, 2009). Il est important aussi d'améliorer et tester ces modèles de cultures et mieux les paramétrer pour pouvoir déterminer les impacts escomptés du changement climatique et les stratégies d'adaptation possibles.

Autres que les modèles de cultures, une combinaison entre différents types de modèles a été utilisée. On note la combinaison des modèles hydrologiques et les modèles de cultures qu'on trouve dans le travail de Wei et al. (2008). Cette approche a été utilisée pour tester certaines stratégies d'adaptation en relation avec les politiques d'eau et les améliorations technologiques en agriculture. Ces modèles n'incorporent pas les effets des bios agresseurs et des ravageurs sur la productivité des cultures. Aussi, la méthode suivie ne considère pas l'utilisation de l'eau par les autres secteurs et les répercussions qui pourraient en avoir sur les agriculteurs.

Dans un même contexte, et pour analyser les impacts du réchauffement climatique sur les systèmes de culture, d'autres travaux se sont intéressés à la construction de scénarios d'adaptation en se basant sur une approche participative (kelkar et *al*, 2008 ; Dray et *al*., 2009). Ce type d'exercice requiert une compréhension importante des conditions socioéconomiques de la zone d'étude. Une chose qui n'est pas évidente puisqu'elle nécessite la participation de la population cible.

Les différentes méthodes citées précédemment ne considèrent les facteurs socioéconomiques qu'implicitement.

Dans un autre volet sur l'évaluation des impacts du changement climatique sur l'agriculture, une analyse économétrique a été utilisée dans le travail de (Kan et *al*.2009) pour déterminer les impacts des changements climatiques sur le surplus des agriculteurs. Cet outil d'analyse même s'il donne des pistes d'adaptation et de réduction de la vulnérabilité de l'agriculture nécessite une série chronologique de données très importantes ce qui peut poser un problème particulièrement dans les pays les moins développés.

Toutefois, trop peu d'études ont tenté d'estimer ou prendre en compte l'ensemble des coûts et avantages des mesures d'adaptation. Les coûts de l'adaptation, et l'ampleur des bénéfices qu'ils pourraient procurer, présentent de plus en plus d'intérêt, aussi bien dans le cadre de projets sur le terrain qu'au niveau mondial, où il faudra sans doute arbitrer entre les coûts des politiques climatiques, et les coûts des dommages résiduels dus au changement climatique (OCDE, 2009 ; Lieffering et Newton (2009).

La modélisation bioéconomique (Belhouchette *et al.*, 2009 ; Strauss et *al.*, 2009 ) était aussi un moyen d'évaluer la profitabilité des systèmes de production dans un contexte de réchauffement climatique. Ce type de méthode permet de considérer les coûts et les profits de la mise en place des mesures d'adaptation au réchauffement climatique ainsi que les caractéristiques du milieu.

## 2- **Méthodes de recherche: Chaine de modèles**

Notre objectif est d'analyser l'impact du changement climatique sur les systèmes de production dans la basse vallée de Medjerda (BVM) située au Nord-est de la Tunisie et d'évaluer les stratégies d'adaptation en développant des indicateurs environnementaux et socioéconomiques. Il nous faut pour cela simuler l'impact de la structure et du mode de conduite des systèmes sur les indicateurs d'évaluation de la durabilité environnementale et socioéconomique. Cette analyse doit tenir compte du contexte de changement climatique et doit prendre en compte la variabilité des caractéristiques hydrodynamiques des sols, des choix de successions de cultures, et des modes de gestion de l'irrigation et de la fertilisation azotée.

Le cadre méthodologique proposé dans cette étude est basé sur le couplage d'un modèle économique à un modèle biophysique afin de capter l'essentiel des indicateurs agro-environnementaux pour étayer le processus de décision des pouvoirs publics. Dans ce cadre de modélisation bio-économique, la construction des fonctions de production est un passage déterminant et crucial de la conception du modèle.

Le travail de modélisation économique débutera par la construction d'un modèle spécifique pour chaque exploitation représentative de la région où on suppose que le comportement micro-économique du producteur n'est autre que celui d'un agent économique cherchant à maximiser son utilité espérée sous une série de contraintes. Ces modèles individuels d'exploitation seront reliés par la suite dans un seul modèle qu'on qualifie de modèle agrégé. La fonction objective du modèle agrégé consiste à optimiser l'utilité espérée globale de la région par agrégation des utilités espérées de tous les exploitants.

Au cours de ce travail, on s'est référé aux résultats des travaux de (Abbes, 2004). Ces travaux on été réalisés dans la même zone d'étude (Basse vallée de Madjerda), dans laquelle des enquêtes ont touché 60 exploitations agricoles réparties entre les anciens et les nouveaux périmètres irrigués. Ces enquêtes ont permis de valider le modèle biophysique (CropSyst) tout en simulant les pratiques culturales et en rapprochant les résultats émanant de ces simulations à ceux réellement obtenus dans le terrain. Notre travail consiste à utiliser les équations de CropSyst et puis les simuler pour d'autres scénarios intégrants les effets du climat et l'utilisation de nouveaux itinéraires techniques.

## 2-1- Modèle biophysique

L'établissement de la base de données, à partir d'une enquête de terrain relative à la campagne agricole 1999/2000 (Abbes, 2004), et sur laquelle le modèle bioéconomique s'appuiera pour effectuer ses choix de successions de cultures et de mode de conduite (optimisation) suppose que nous disposons d'un modèle de cultures (modèle biophysique).

L'application du modèle biophysique, dans le cadre du travail a pour objectif de simuler à long terme les rendements, la pollution par les nitrates et la salinisation des sols dans un contexte d'une grande diversité de techniques de production et sous des conditions pédoclimatiques très variées. Les coefficients techniques ainsi obtenus seront incorporés d'une manière discrète sous forme de matrices input-output dans le modèle économique, dont découle la notion du couplage. Le modèle biophysique est capable de reproduire le fonctionnement du système sol-plante à l'échelle de la parcelle afin d'établir des courbes de réponse de la culture (rendements, lixiviation du nitrate et accumulation du sel) à l'eau et à l'azote, pour chaque type de sol et chaque type d'année climatique.

CropSyst : (Cropping Systems Simulation Model - Stöckle *et al.*, 1994- Stöckle *et al.*, 2003) a été choisi comme modèle de culture pour cette étude. Ce modèle a été développé pour simuler la croissance de multiples cultures, en incorporant de manière dynamique les effets cumulatifs de la production agricole sur les conditions du sol (érosion, fertilité, réserve d'eau, etc.).

Les résultats des simulations avec CropSyst sont très diversifiés et à découpage temporel multiple (rapports journaliers, saisonniers et annuels). Ils peuvent être observés en termes de rendement des cultures, de bilan d'eau et d'azote dans le sol, de résidus de production et de décomposition, d'eau drainée, d'érosion du sol, de nitrate lessivé, de salinité, etc.

Durant ce travail on n'utilise pas croposyst mais on utilise les équations qui ont été générées par cropsyst par activité, type de sol... A partir de ces équations on estime la quantité d'eau, d'azote, de sel ... Pour effectuer ces mesures, on tient compte des différentes activités sélectionnées avec lesquelles le modèle tend à optimiser la marge nette au niveau des exploitations pour le modèle individuel et au niveau de la basse vallée de Medjerda pour le modèle agrégé.

Exemples

- La quantité d'eau /exploitation (en m$^3$) = $\sum$ (demande en eau /culture/ ha) * (superficie occupée/culture)

- La salinité du sol / exploitation (en dS/m) = ($\sum$ (Salinité /sol/culture) *(Superficie occupée/ sol/culture))/ Superficie de l'exploitation

### 2-2- Modèle bioéconomique

Le recours à la modélisation bioéconomique[8] apparaît comme un champ d'investigation prometteur pour rapprocher agro-écologie et agro-économie et au-delà pour impliquer un positionnement se référant au courant de l'économie écologique qui privilégie le travail pluridisciplinaire. Le modèle utilisé repose sur la maximisation sous contraintes et se situe à une échelle régionale. Le choix de cette dimension se justifie d'une part économiquement, par le fait que les exploitations agricoles entretiennent entre elles des activités de transfert des facteurs de production (terre et main d'œuvre), et d'autre part écologiquement, en traitant la pollution diffuse.

C'est pourquoi notre analyse tout en reposant sur une base micro-économique, intégrera dans un modèle agrégé régional les caractéristiques de plusieurs exploitations représentatives, dans lesquelles les liaisons représentent les transferts entre les exploitations seront définies de manière explicite. Le temps sera pris en compte dans ce modèle d'une manière implicite via les coefficients techniques obtenus par les simulations à long terme du modèle agronomique. Le modèle agrégé sera donc de nature stochastique à décision unique, et le risque sera introduit d'une manière individuelle par un module espérance-écart-type.

Ce modèle bioéconomique est capable d'optimiser la marge brute de l'agriculteur tout en intégrant les impacts du changement climatique sur les ressources en eau, la salinité des sols,...

### 2-3- Scénarios

Dans cette étude, nous nous proposons de tester différentes innovations technologiques et scénarios socio-économiques liés aux tendances de changement climatique et la disponibilité en eau d'irrigation dans la basse vallée de la Medjerda.

La construction des scénarios dépendra des ressources et de la morphologie de l'agriculture de la région. Ces différents scénarios reposent principalement sur les stratégies d'adaptation aux effets de réchauffement climatique sur les systèmes de production.

Nous visons donc la comparaison de plusieurs stratégies d'adaptation à court et à long terme par rapport à un scénario de base (aucune stratégie ne sera adoptée).

Enfin, étant donné qu'on se place dans un contexte semi-aride, les stratégies proposées ont pour buts d'améliorer l'efficience de l'irrigation, de l'équité d'allocation d'eau entre les agriculteurs et de la couverture des coûts d'exploitation de la ressource.

---

[8] Le terme « modèle bio-économique » s'applique de façon usuelle depuis les années 70 à une idée simple à formuler, valable bien au-delà des questions agricoles : intégrer une composante de modélisation biologique à des modèles économiques lorsque les choix techniques sont fortement soumis à l'influence de facteurs biologiques,

Ces stratégies seront déclinées sous forme de scénarios. Chaque scénario sera défini par :

- ❖ Un horizon de simulation : qui définit la période de simulation en partant de 2000 comme date de départ et 2030 comme date d'arrêt de simulation. Il est important de noter dans ce cadre que le modèle bioéconomique utilisé est statique. Par conséquent, le modèle bioéconomique sera appliqué uniquement en 2030 en intégrant les forces extérieures au système (external driving forces) d'une façon dynamique.

- ❖ Des forces extérieures qui expriment l'évolution du système extérieur et qui ne sont pas considérées implicitement dans le modèle, exemple : évolution démographique, prix du pétrole, inflation, évolution de la technicité...

- ❖ Un contexte biophysique qui détermine par type d'exploitation la production et les externalités par culture, par rotation, par type de sol et par technique de production.

- ❖ Un contexte socio-économique qui illustre l'évolution des politiques agricoles (subvention, aide, pénalité, quota...) au cours du temps.

### 2-3-1- Scénario de base

Lors de cette étude, on se référera à la base de données disponible dans la thèse de doctorat Abbes (2004) : Analyse de la relation agriculture environnement : une approche bio-économique. Cette base de données est établie à partir d'une enquête réalisée auprès des exploitants agricoles de la Basse Vallée de Medjerda (Abbes, 2004).

L'enquête réalisée par Abbes (2004) a touché 60 exploitations agricoles réparties entre les anciens et les nouveaux PPI en fonction de leurs superficies totales respectives. De cette typologie, il ressort 20 exploitations : 12 exploitations type dans les anciens PPI et 8 exploitations type dans les nouveaux PPI.

Le scénario de base est spécifié pour calibrer le modèle. Dans ce cadre, les données des enquêtes sont utilisées comme des variables observées (surface par culture et marge brute) pour évaluer les performances du modèle bio-économique.

1- Horizon de simulation : la simulation est réalisée uniquement pour l'année 2000.
2- Forces extérieures : pas de forces extérieures incluses dans cette simulation. Les prix ainsi que les rendements sont considérés à partir de l'enquête réalisée par Abbes (2004) en 2000.
3- Contexte biophysique : subdivisé en deux parties :

- Les systèmes de culture et d'élevage: La SAU des 152 parcelles de ces exploitations couvrent 2434 ha dont 2227 ha sont irrigables, 1491,5 ha ont été effectivement irrigués et 1004 ha ont été exploités en sec.
- Le système de culture dominant est à base de céréales représentant 45% de la SAU des exploitations, soit 1118 ha dont 51 % sont cultivés en sec. Les fourrages représentent 23 % de la SAU totale des exploitations. L'arboriculture, le maraîchage et la jachère occupent ensemble 32% de la SAU totale et couvrent respectivement 16%, 10% et 6% de la SAU totale de la région (Tableau 7).

Tableau 7 : La répartition de l'occupation du sol.

|  | Céréales | | Fourrages | | Arboriculture | | Maraîchage | Jachère |
| --- | --- | --- | --- | --- | --- | --- | --- | --- |
|  | irrigués | secs | irrigués | Secs | irriguée | sec | irrigué | sec |
| Sup (ha) | 548,1 | 569,8 | 323,6 | 254,2 | 368,2 | 34 | 252,6 | 136,2 |
| % | 49 | 51 | 56 | 44 | 91 | 9 | 100 | 100 |
| Total | 1117,9 | | 577,8 | | 402,2 | | 252,6 | 136,2 |
| % | 45 | | 23 | | 16 | | 10 | 6 |

Source : Abbes (2004).

L'élevage est intégré à l'activité de production chez 40 exploitants, à savoir 67% des irrigants.

4- Contexte socio-économique :
- La main d'œuvre : L'activité est caractérisée par son aspect familial principalement pour les petites et moyennes exploitations. C'est ainsi que 106 membres familiaux sont impliqués dans le travail agricole en offrant 26580 jours de travail. Le recours au marché de travail surtout par les exploitations dont la SAU dépasse les 10 ha, s'est traduit par le recrutement de 110 salariés permanents totalisant ainsi 33760 jours de travail, et par l'appel à 37384 jours de travail en termes de main d'œuvre occasionnelle (Abbes, 2004). L'essentiel de cette SAU est en mode de faire valoir direct sauf pour 151,5 ha, autres que ceux des SMVDA, qui sont en mode de faire valoir indirect par fermage.
- Structure tarifaire de l'eau : Dans cet exercice, on retient la structure tarifaire instaurée en 2002 par les pouvoirs publics principalement pour la couverture des charges d'exploitation des ressources en eau et inciter les agriculteurs à valoriser l'utilisation de l'eau au niveau des périmètres irrigués. Il s'agit d'un système de tarification binôme H1B pour les anciens et les nouveaux PPI. Cette tarification tient compte du transfert d'un tiers des charges fixes du terme fixe vers le terme variable. Ainsi, les deux termes de l'équation sont jugés équilibrés. L'État accepte ce fait de perdre 1/3 des charges fixes imputées dans le terme variable dans le cas où les agriculteurs n'irriguent pas, ce qui est peu probable (tableau 1, page 16).
- Politiques de prix : le système de prix mis en place depuis 1986 vise l'encouragement de la production des produits de base (céréales, huile d'olive, lait) dont les prix sont administrés pour atteindre l'autosuffisance alimentaire et la réduction des distorsions au niveau du marché par l'élimination de toute subvention des intrants et de l'eau d'irrigation.

**2-3-2- Scénario de référence**

Il s'agit d'une projection du scénario de base en 2030. Ce scénario consiste à introduire au niveau du scénario de base les effets potentiels du changement climatique si aucune action n'est entreprise. Ce scénario est décrit comme suit:

1- Horizon de simulation : Les simulations seront faites en 2030.
2- Les forces extérieures : dans cette partie, deux effets sont à prendre en compte :

- Changement climatique :

i) ETP (mm/an) qui sera 9.3% plus important en 2030 par rapport à 2000 (Gtz, 2007) ;
ii) L'évolution de la salinité du sol dépendra également de l'évolution de la salinité de l'eau des barrages. En effet, d'après une étude réalisée par le Ministère de l'agriculture (1998) l'eau de Laroussia (Source d'alimentation en eau des anciens PPI) aura probablement, en 2030, une salinité estivale de l'ordre de 2,6 g/l au lieu de 1.5 g/l actuellement et de 3 g/l pour la période hivernale au lieu de 1.8g/l actuellement (MA et al, 1998). Au niveau du barrage mobile à Tobias (Source d'alimentation en eau des nouveaux PPI), la salinité estivale atteindra 3,8 g/l contre 2,4 g/l actuellement et la salinité hivernale atteindra 5 g/l contre 3,3 g/l actuellement.

L'augmentation de la salinité de l'eau provoquera une augmentation de la salinité au niveau du sol et aura par conséquent un effet sur le rendement des cultures.

3- <u>Contexte biophysique</u> : Le contexte biophysique évoluera en fonction des nouvelles conditions climatiques. Les résultats de la simulation du scénario de référence présenteront le nouveau contexte biophysique (occupation du sol, qualité du sol, mode de conduite ...)   (Voir chapitre résultat)
4- <u>Contexte socioéconomique</u> : C'est le même contexte que le scénario de base. Dans ce scénario, on retient la formule tarifaire H1B.

L'intégration de l'évolution de l'évapotranspiration des différentes cultures dans le modèle bio économique a été réalisée au niveau de l'équation relative à la demande en eau de chaque culture. L'augmentation de l'évapotranspiration d'une culture signifie une augmentation de ses besoins en eau. Pour cette raison, on a multiplié les anciennes valeurs de demande en eau par 1,093 pour obtenir les nouvelles demandes en eau des cultures dans le contexte de changement climatique (\*). Ces nouvelles quantités d'eau permettent de maintenir les rendements obtenus par les cultures sans l'impact des changements climatiques.

$$\boxed{\text{Demande en eau/plante (Scénario de référence)} = \text{Demande en eau/plante (Scénario de base)} \times 1.093 \quad (*)}$$

En ce qui concerne l'intégration de l'augmentation de la salinité de l'eau dans le modèle biophysique, on a tenu compte de la corrélation entre la salinité de l'eau et la salinité du sol.

$$\boxed{CE\ e = f\ CE\ w \quad (**)}$$

**Avec f : la fraction de lessivage, CE e : la salinité du sol et CE w : la salinité de l'eau**

On estime que la valeur de la fraction de lessivage reste constante entre le scénario de base et scénario de référence. Dans ce cas, la nouvelle valeur de la salinité du sol est égale au produit de la nouvelle valeur de la salinité de l'eau par la fraction de lessivage (\*\*).

### 2-3-3- Scénario "stratégie d'adaptation" : Scénario de référence + Innovation technologique (changement du système d'irrigation) et tarification de l'eau

Dans ce scénario on se propose d'évaluer l'impact d'une politique basée sur la combinaison de nouveaux systèmes d'irrigation avec une nouvelle politique de tarification de l'eau. Dans ce cadre, on suppose que l'accès aux nouvelles technologies, telles que l'aspersion et/ou le goutte à goutte, permettent des meilleurs rendements de cultures mais aussi une gestion plus rationnelle des ressources en eau surtout dans un contexte de changement climatique ou les disponibilités en eau sont moindres. Ce scénario suppose également l'application d'une nouvelle tarification de l'eau telle qu'elle est proposée par les pouvoirs publics.

1- <u>Horizon de simulation</u> : Les simulations seront faites en 2030.
2- <u>Les forces extérieures</u> : (mêmes changements que dans scénario de référence).
3- <u>Contexte biophysique :</u> on propose dans ce scénario de généraliser la technique d'irrigation goutte à goutte considérée plus efficiente. Ce scénario est appliqué uniquement sur les parcelles irriguées en été et équipées par des réseaux d'irrigation gravitaire. Dans ce scénario, toutes les exploitations faisant des cultures estivales doivent s'équiper de la goutte à goutte.
4- <u>Contexte socioéconomique</u> : C'est le même contexte que le scénario de base qui sera actualisé en fonction de l'inflation. On suppose que le taux d'actualisation sera de l'ordre de 3%. Dans ce scénario, on comparera entre la formule tarifaire H1B et la formule tarifaire H2B. Cette tarification est établie selon l'hypothèse de la couverture des charges d'exploitation tout en limitant l'accroissement des frais d'entretien et de gestion au double de ceux de H1 ; Le scenario prévoit une comparaison entre le prix d'achat actuel et un prix d'achat qui inclut les charges de

structure du matériel et le coût d'amortissement. Les résultats des simulations présentés sous forme de marge nette tiennent compte des charges d'entretien et d'amortissement des immobilisations. Les objectifs recherchés par leur instauration se résument à une meilleure couverture des charges d'exploitation de la ressource en eau et à inciter les exploitants à irriguer davantage tout en valorisant au mieux la ressource par l'émergence de systèmes de production plus intensifs et par l'utilisation de plus en plus des systèmes de micro-irrigation plus économes en eau.

Dans ce scénario on introduit au niveau du modèle le coût d'amortissement de l'équipement d'un ha en matériel d'irrigation par aspersion et par goutte à goutte. Le coût d'amortissement du matériel d'aspersion par an est de 100 dT ; Le coût d'amortissement du matériel de goutte à goutte par an est de 571,400 dT.

Pour l'établissement de la base de données relative aux nouvelles techniques d'irrigation, nous nous sommes référés aux résultats disponibles. En effet, le long du travail on a estimé que les résultats de l'application d'une nouvelle technique d'irrigation dans une exploitation sont équivalents aux résultats relatifs à une autre exploitation appliquant la même technique et dans des conditions (Sol, Précédent cultural …) très proches tel est le cas dans les deux exemples suivants :

('art','ae14','gg','s1','artgr',en,tp)= ('art','ae43','gg','s2','artgg',en,tp);
('toms','ae21','gg','s4','bersgr',en,tp) = ('toms','ae34','gg','s4','bersasp',en,tp);
Ceci veut dire que pour l'exploitation AE14, la culture d'artichaut conduite en goutte à goutte dans un sol type S1 et ayant l'artichaut conduit en goutte à goutte comme précédent cultural a les mêmes caractéristiques que l'artichaut cultivé dans l'exploitation AE43 et conduite en goutte à goutte dans un sol type S2 et ayant l'artichaut conduit en goutte à goutte comme précédent cultural. De même, pour l'exploitation AE21, la culture de tomate conduite en goutte à goutte dans un sol type S4 et ayant le bersim conduit en gravitaire comme précédent cultural a les mêmes caractéristiques que la tomate cultivée dans l'exploitation AE34 et conduite en goutte à goutte dans un sol type S4 et ayant le bersim conduit en aspersion comme précédent cultural.

Les caractéristiques maintenues concernent : La quantité de semence par hectare, la quantité des autres intrants azotés par hectare, la quantité des autres intrants par hectare, le calendrier d'irrigation, le calendrier de main d'œuvre, les rendements, la production de paille pour les cultures fourragères, la pollution nitrate et la salinité du sol.

Ainsi, nous avons ajouté 74 nouvelles activités au niveau du modèle. Dans certaines activités nous avons remplacé le système d'irrigation gravitaire par le système d'irrigation par goutte à goutte, ce qui est le cas des cultures d'artichaut, de tomate, de pomme de terre et du melon. Pour les autres activités, nous avons remplacé le système d'irrigation gravitaire par le système d'irrigation par aspersion, ce qui est le cas des cultures de maïs, de sorgho, de bersim, d'orge en vert et du blé dur.

La figure 11 présente la démarche suivie pour l'identification des différents scénarios de stratégies d'adaptation au changement climatique par rapport au scénario de référence et à la Baseline (2000):

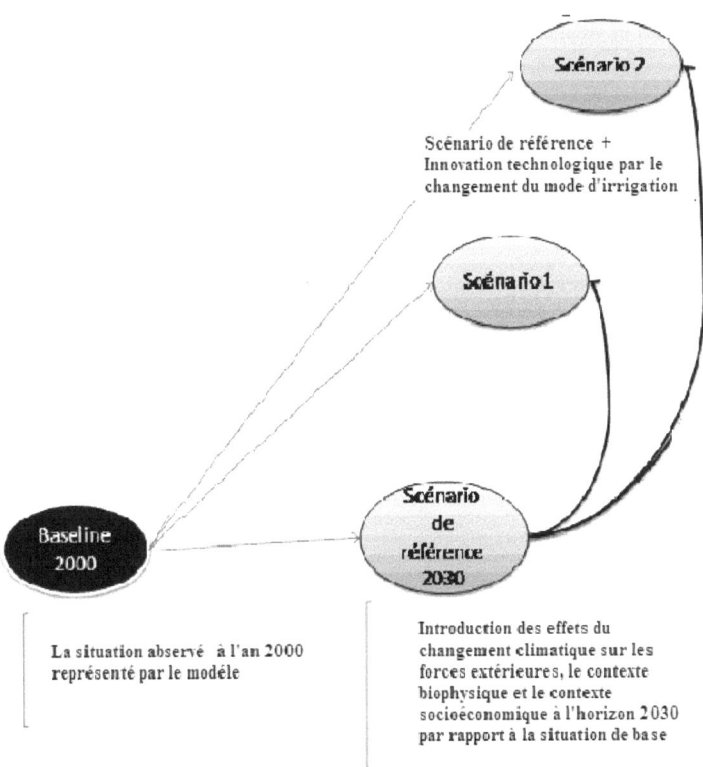

Figure 11. Définition des différents scénarios de stratégies d'adaptation au changement climatique par rapport à la situation de base (2000) et la situation de référence (2030).

# Troisième partie : Typologie des exploitations agricoles dans la basse vallée de la Medjerda et description des modèles correspondants

Cette partie expose les caractéristiques technico-économiques des exploitations-types de la région, telles qu'elles apparaissent à partir d'une enquête de terrain relative à la campagne agricole 1999/2000. Ces exploitations constituent le noyau de la conception de notre modèle bio-économique.

## Chapitre 1 : Typologie des exploitations agricoles dans la basse vallée de **la** Medjerda

L'enquête qui s'est déroulée en 2001, a touché 60 exploitations agricoles réparties entre les anciens et les nouveaux PPI en fonction de leurs superficies totales respectives. En termes de représentativité notre échantillon ne représente que 1,35% du nombre total des exploitants et 7,34% de la SAU totale des périmètres concernés par la présente étude. Pour être le plus représentatif possible, le nombre des unités de production enquêtées par strate a été fixé en fonction du poids de chaque strate en termes de superficie. Au sein même de chacune de ces strates, l'enquête a été ciblée sur les périmètres là où le nombre des exploitants est le plus manifeste. Ainsi le travail de terrain a été réparti d'une manière presque homogène sur toute la Basse Vallée de la Medjerda en touchant 27 périmètres sur les 33 concernés par notre travail de recherche.

### 1- Les critères de typologie

Trois critères ont été retenus pour identifier les exploitations-types de la région :

- La distinction des exploitations par rapport à la source d'eau d'irrigation du fait de la différentiation en termes de qualité d'eau : les exploitations des anciens PPI (AE) dont la source d'eau est le barrage de Laroussia, par opposition aux exploitations des nouveaux PPI (NE) qui irriguent avec les eaux de la station de pompage P0 à Tobias.

- La distinction des exploitations selon leurs dotations en terre, d'où les cinq types de strates qui rappelons-les sont :

    - Strate 1 : SAU < 5ha (1)
    - Strate 2 : 5 < SAU < 10ha (2)
    - Strate 3 : 10 < SAU < 20ha (3)
    - Strate 4 : 20 < SAU < 50ha (4)
    - Strate 5 : SAU >= 50ha (5)

- La distinction des exploitations selon leurs orientations agricoles, autrement dit par système de production. Quatre grands types de systèmes de production ont été retenus avec ou sans intégration de l'élevage à l'activité de production :

    - Système1 : Arboriculture / Céréales / Fourrages / Maraîchage (1)
    - Système2 : Arboriculture / Céréales / Fourrages (2)
    - Système3 : Arboriculture / Céréales / Maraîchage (3)
    - Système4 : Céréales / Fourrages / Maraîchage (4)

La combinaison de ces trois critères de typologie permet d'obtenir une sorte de matrice dans laquelle nos exploitations enquêtées peuvent être distinguées. L'exploitation type qui est une exploitation représentative d'un groupe d'unités de production irriguant par des eaux de même qualité et appartenant à la même strate et au même système de production, est définie par une exploitation tirée de la moyenne de ces unités de production groupées. La décision de définir nos exploitations-types comme telles a été prise pour privilégier la diversité culturale quant aux spéculations et rotations pratiquées qui caractérisent la mise en valeur dans la BVM. Ceci nous permet donc d'éviter de « sur-spécialiser » la région étudiée et de garder un niveau de flexibilité assez important à l'intérieur du modèle bio-économique à développer. Toutefois, le revers de la médaille d'un tel choix est le nombre élevé de simulations à réaliser sur le modèle biophysique. En somme, 20 exploitations-types sont définies : 12 sur les anciens PPI et 8 sur les nouveaux PPI. A titre d'exemple, l'exploitation-type AE12 désigne une exploitation appartenant aux anciens PPI (AE), à la strate1 (1) et au système2 de production (2).

## 2- Les caractéristiques des exploitations-types

Les principales caractéristiques de chacune de ces exploitations-types ont été définies à partir des résultats de l'enquête : superficie, occupation du sol, effectif d'élevage et revenus dégagés. Une attention particulière a été accordée à quelques autres indicateurs de performance tels que les taux d'utilisation de l'eau et des intrants azotés par hectare, le taux d'intensification, le taux d'utilisation de la superficie irrigable et les valorisations du m3 d'eau et du kg d'intrants azotés. Il ne s'agit pas ici de faire une analyse approfondie de chacune des exploitations-types, mais de décrire brièvement leurs modes de mise en valeur.

## 2-1- Les exploitations-types des anciens PPI

### - L'exploitation-type AE12

Cette exploitation à vocation arboricole à 68% est caractérisée par ses sols argileux types S1 et S2, et par une taille moyenne. Les cultures fourragères sont pour l'essentiel des cultures annuelles pratiquées pour satisfaire les besoins d'un cheptel. Si le taux d'intensification (74%) et les taux d'utilisation d'eau (2150 m3/ha) et des intrants azotés (400 kg/ha) sont légèrement supérieurs aux taux moyens observés, les valorisations du m3 d'eau (2,12 DT/m3) et du kg d'azote (11,43 DT/kg) sont les plus élevées de toutes les exploitations-types. Ceci est expliqué largement par le développement d'une arboriculture très rentable. La marge nette par hectare est ainsi la plus élevée de toutes les exploitations-types (4567 DT/ha).

### - L'exploitation-type AE14

Ce modèle d'exploitation s'étend sur une mosaïque des sols types (S1-S3-S4-S5) et a pour SAU 3,68 ha. La répartition de l'occupation du sol est assez équilibrée entre les cultures céréalières, fourragères et maraîchères. La conduite en sec s'étend sur près de 39% de la superficie irrigable. Les taux d'utilisation d'eau et des intrants azotés ne suivent pas la même tendance. En effet si le premier est largement supérieur au taux moyen observé avec 3970 m3/ha, le deuxième se trouve légèrement au dessous avec 294 kg/ha. Ce qui s'est traduit par une part de l'eau dans les charges de production végétale assez élevée, à savoir 25,5%. La réalisation d'une marge nette à l'hectare assez moyenne de 1370 DT/ha, s'est soldée par une valorisation assez faible du m3 d'eau (0,35 DT/m3) alors que celle du kg d'azote est moyenne (4,67 DT/kg).

### - L'exploitation-type AE21

Le sol de l'exploitation est argilo-limoneux (S4) et a pour superficie 7,10 ha. Le taux d'intensification est très faible de 33%. Le mode de mise en valeur que caractérise cette exploitation qui s'est soldé par un maigre résultat économique, à savoir 629 DT/ha de marge nette, et par la plus faible fertilisation azotée par hectare (171 kg/ha) qui suit la consommation d'eau par hectare irrigable (1931 m3/ha). C'est ainsi que les performances économiques de l'exploitation sont en dessous de la moyenne constatée de toutes les exploitations-types comme en témoignent les valeurs de valorisation du m3 d'eau et du kg d'azote, soit respectivement. 0,41 DT/m3 et 3,66 DT/kg.

- **L'exploitation-type AE23**
L'exploitation est orientée complètement vers la production végétale sur une variété des sols types (S2-S4-S5-S6) d'une SAU de 6,63 ha totalement irrigables et qui est effectivement irriguée à 100%. La terre est allouée à l'arboriculture à hauteur de 60%. La marge nette dégagée par hectare est bonne (3356 DT/ha) suite à l'importance en terme de superficie d'une arboriculture déjà très productive. La tendance pour les valorisations du m3 d'eau et du kg d'azote est ainsi de même, soit respectivement 1,16 DT/m3 et 7,86 DT/kg, pour des apports par hectare plus importants qu'aux taux moyens observés, soit respectivement. 2885 m3/ha et 427 kg/ha.

- **L'exploitation-type AE24**
Le type du sol caractérisant cette exploitation est le sol argilo-limoneux (S4) qui s'étend sur une SAU de 6,48 ha. Le taux d'intensification de l'ordre de 89%. Une grande partie de cette SAU est allouée aux grandes cultures (céréales et fourrages). Les indicateurs de performance économique montrent une efficacité productive moyenne de l'exploitation puisque la marge nette par hectare est de 1367 DT/ha. Toutefois, par rapport aux valeurs moyennes constatées pour toutes les exploitations-types, la valorisation du m3 d'eau (0,49 DT/m3) est assez faible alors que celle du kg d'azote (4,75 DT/kg) est assez bonne. Par ailleurs l'apport en eau (2767 m3/ha) est plus élevé que l'apport moyen à l'hectare de toutes les exploitations malgré la conduite de 3,34 ha en mode d'irrigation par aspersion, alors que celui de la fertilisation azotée (288 kg/ha) est à peine inférieur.

- **L'exploitation-type AE33**
La mise en culture se fait sur des sols de type S4 et S5 d'une SAU de 11,13 ha irrigables et effectivement irriguée à 100%. L'exploitation est détournée complètement vers la production végétale avec une répartition presque homogène de la SAU entre les trois principales espèces cultivées, à savoir les céréales, les cultures maraîchères et l'arboriculture. La marge nette par hectare dégagée (1285 DT/ha) est assez faible. L'eau présente une part importante dans les charges de production (38%) puisque le volume apporté à l'hectare est très élevé (4315 m3/ha). Quant à la fertilisation de 376 kg/ha, elle est à peine supérieure à la moyenne. Ceci s'est soldé par des valorisations faibles du m3 d'eau et du kg d'azote, soit respectivement. 0,30 DT/m3 et 3,42 DT/kg.

- **L'exploitation-type AE34**
Ce modèle d'exploitation s'étend sur une mosaïque des sols types (S4-S5-S6) totalement irrigables avec une SAU de 11,17 ha. Le taux d'intensification est de l'ordre de 84%. Plus de la moitié de la SAU est allouée aux cultures fourragères. Le taux d'utilisation d'eau (4457 m3/ha) est le plus élevé de toutes les exploitations types. D'où la contribution importante de l'eau dans les charges de production végétale (28%) et sa faible valorisation (0,35 DT/m3) suite à une modeste marge nette par hectare de 1575 DT/ha. L'apport des intrants azotés par hectare et leurs valorisations sont légèrement supérieurs aux valeurs moyennes, soit respectivement.387 kg/ha et 4,07 DT/kg.

- **L'exploitation-type AE41**
Les 33,67 ha de SAU de l'exploitation, totalement irrigables, s'étendent sur des sols de types S4 et S6. Le taux d'intensification est faible (45%). La faible valeur de la marge nette dégagée par hectare (716 DT/ha) peut être expliquée par le faible rendement de l'arboriculture qui est en phase de démarrage et n'a pas atteint encore la période de croisière en matière de production. Les conséquences sont sans appels sur les valorisations du m3 d'eau (0,65 DT/m3) et du kg d'azote (2,87 DT/kg) malgré l'application des faibles doses par hectare, soit respectivement.1109 m3/ha et 249 kg/ha .

- **L'exploitation-type AE43**
L'exploitation est caractérisée par une variété des sols types (S2-S3-S4-S6) d'une SAU totalement irrigable de 28,86 ha dont 51% sont effectivement irriguée. Un peu plus de la moitié de cette SAU est

allouée aux céréales. Les indicateurs de performances économiques dégagent une efficacité productive de l'exploitation généralement assez faible puisque la marge nette par hectare n'est que de 1161 DT/ha et les valorisations du m3 d'eau et du kg de fertilisants sont respectivement de 0,71 DT/m3 et 3,21 DT/kg pour des apports à l'hectare de l'ordre de 1672 m3/ha et 362 kg/ha.

### - L'exploitation-type AE52
Les sols de l'exploitation sont argileux à argilo-limoneux (S3-S4) et s'étendent sur 108 ha de SAU. Le taux d'intensification est assez faible de 52%. La conduite des cultures se fait donc principalement en sec. Malgré l'importance relative de la superficie de l'arboriculture (37% de la SAU), la marge nette dégagée par ha est faible (938 DT/ha), ce qui s'est soldé par une valorisation du m3 d'eau (0,70 DT/m3) et une valorisation du kg d'azote (3,52 DT/kg) assez faibles en dépit des apports à l'hectare nettement inférieurs à la moyenne de toutes les exploitations-types, soit respectivement 1617 m3/ha et 266 kg/ha .

### - L'exploitation-type AE53
L'exploitation est orientée complètement vers la production végétale sur des sols types (S2-S4) d'une SAU de 109,25 ha. Le taux d'intensification n'est que de 78%. La terre est allouée aux céréales à hauteur de 49%. Les indicateurs de performances économiques affichent une assez bonne efficacité productive de l'exploitation puisque la marge nette par hectare et les valorisations du $m^3$ d'eau et du kg d'azote sont juste supérieures aux valeurs moyennes constatées chez toutes les exploitations-types, soit respectivement 1490 DT/ha, 0,84 DT/m3 et 4,91 DT/kg. L'irrigation (2224 m3/ha) et la fertilisation par hectare (304 kg/ha) sont dans les normes des moyennes régionales.

### - L'exploitation-type AE54
La SAU de 78 ha de l'exploitation s'étend sur des sols de types S4 et S6. Le taux d'intensification est de 82%. La terre est allouée principalement aux grandes cultures. L'irrigation par hectare est élevée (3139 m3/ha) tandis que la fertilisation est assez moyenne (283 kg/ha). Les performances économiques de l'exploitation sont faibles suite à une marge nette par hectare de 989 DT/ha et des valorisations du m3 d'eau et du kg d'azote respectivement de 0,41 DT/m3 et 3,49 DT/kg.

## 2-2- Les exploitations-types des nouveaux périmètres

### - L'exploitation-type NE14
Le sol limoneux (S7) de l'exploitation est d'une superficie de 2,50 ha. Le taux d'intensification est de 70%. La marge nette dégagée par hectare (1389 DT/ha) est moyenne, tandis que les valorisations du m3 d'eau et du kg d'azote sont plutôt assez bonnes, soit respectivement 0,87 DT/m3 et 5,24 DT/kg, suite à des faibles apports en eau et en engrais azotés par hectare, soit respectivement 1600 m3/ha et 265 kg/ha.

### - L'exploitation-type NE24
Ce modèle d'exploitation est caractérisé par un sol limoneux type S7. Le taux d'intensification est de 80%. Les fortes doses d'eau (3414 m3/ha) et d'engrais azotés (542 kg/ha) appliquées à l'hectare et conjuguées à une marge nette par hectare à peine moyenne (1398 DT/ha) se sont soldées par une faible valorisation de ces intrants, soit respectivement 0,41 DT/m3 et 2,59 DT/kg. D'ailleurs on enregistre ici la fertilisation azotée par hectare la plus élevée.

### - L'exploitation-type NE32
La mise en culture se fait sur des sols argilo-limoneux de type S4 d'une SAU de 19 ha. Le taux d'intensification est de 111% puisque 21 ha sont effectivement irrigués. Malgré l'application d'une moyenne dose d'eau par hectare (1800 m3/ha) et un apport de fertilisants azotés faible (232 kg/ha), les valorisations de ces intrants n'enregistrent que des faibles valeurs, à savoir 0,19 DT/m3 et 1,51 DT/kg, suite à la mauvaise marge nette dégagée par hectare (349 DT/ha) qui est d'ailleurs la plus faible de toutes les exploitations-types. Un tel résultat est expliqué par la faible marge dégagée de l'arboriculture, à savoir

l'olivier à huile, et surtout par les coûts élevés de l'activité animale dont l'alimentation est majoritairement assurée par l'exploitation.

### - L'exploitation-type NE34

Le type du sol caractérisant cette exploitation est le sol limoneux (S7) qui s'étend sur une SAU de 16 ha. Le taux d'intensification est le plus faible de toutes les exploitations, soit 23%. Vu le mode de mise en valeur de cette exploitation-type, il est tout à fait logique d'enregistrer le plus faible taux d'utilisation d'eau (820 m3/ha) par opposition à une fertilisation par hectare assez élevée (395 kg/ha). La combinaison de ces valeurs avec l'assez faible marge nette résultante par hectare (1098 DT/ha) s'est soldée par des valorisations élevées pour l'eau (1,34 DT/m3) et faibles pour l'azote (2,78 DT/kg).

### - L'exploitation-type NE43

La production se pratique sur un sol limono-argileux de type S8 d'une SAU de 50 ha irrigables et effectivement irrigués à 100%. En dépit de la valorisation moyenne de l'azote (4,30 DT/kg), on peut dire que les indicateurs de performances économiques affichent globalement une assez faible efficacité productive puisque la marge nette par hectare et la valorisation de l'eau sont juste inférieures aux valeurs moyennes constatées chez toutes les exploitations-types, soit respectivement 1268 DT/ha et 0,65 DT/m3.

### - L'exploitation-type NE44

La SAU de 20 ha totalement irrigables de l'exploitation s'étend sur un sol limono argileux de type S8. Le taux d'intensification est de 108%. La marge nette résultante par hectare est assez faible (1015 DT/ha) suite aux coûts élevés de mise en production dont notamment l'irrigation et l'épandage des engrais azotés avec des doses d'application de l'ordre respectivement de 2400 m3/ha et 325 kg/ha. C'est ainsi que les valorisations de ces intrants sont revues à la baisse, soit respectivement 0,42 DT/m3 et 3,12 DT/kg.

### - L'exploitation-type NE51

L'exploitation est caractérisée par un sol argilo-limoneux de type S4 d'une SAU totale de 100,17 ha. Le taux d'intensification est de 60%. Près du tiers de la terre est alloué aux grandes cultures. La très faible valeur de la marge nette dégagée par hectare (436 DT/ha) peut être expliquée par les coûts excessifs de mise en production et par le faible rendement de l'arboriculture qui est en phase de démarrage. Les conséquences sont sans appels sur les valorisations du m3 d'eau (0,28 DT/m3) et du kg d'azote (1,44 DT/kg) malgré l'application des doses assez moyennes par hectare, soit respectivement.1568 m3/ha et 302 kg/ha.

### - L'exploitation-type NE54

Les sols limoneux à limono-argileux (S7-S8) de l'exploitation sont d'une superficie de 107,10 ha. Le taux d'intensification est de 67%. La presque totalité de la SAU est allouée aux grandes cultures. La marge brute par hectare résultante (618 DT/ha) est très faible. La dose d'eau appliquée par hectare est loin d'être importante avec 1161 m3/ha, tandis que la fertilisation azotée est moyenne avec 302 kg/ha. Ces valeurs se sont soldées par des faibles valorisations de l'eau (0,53 DT/m3) et de l'azote (2,05 DT/kg).

# Chapitre 2- Application de la modélisation bioéconomique : Description des modèles utilisés

## 1- La construction des simulations sur le modèle CropSyst

La construction d'une simulation sur CropSyst fait appel à différents modules relatifs au climat (location), à la pédologie (sol), aux caractéristiques agronomiques de la culture (crop), aux pratiques culturales (management), à la rotation pratiquée (cropping system), au contrôle de la simulation (simulation control) et au format des variables de sortie (output format).

### 1-1- Le module de la climatologie

Il comporte la latitude de la région d'étude, le choix de la formule de calcul de l'évapotranspiration, vitesse du vent et surtout les données journalières relatives aux précipitations et aux températures maximales et minimales. Ces données journalières sont issues de la station météorologique de Cherfech pour la période 1995-2000 et sont générées par le modèle ClimGen pour la période 2001-2025.

### 1-2- Le module pédologique

Pour chaque type du sol identifié pour nos exploitation-types (S1 à S8) on a défini la texture des horizons (% argile, % limon et % sable), le pH, la capacité d'échange cationique. Certaines caractéristiques des sols telles que la densité, la capacité au champ et le point de flétrissement permanent sont estimées directement par CropSyst à partir de la texture du sol.

### 1-3- Le module de pratiques culturales

Dans ce module c'est l'itinéraire technique pour chaque culture qui est défini : travail du sol, fertilisation minérale et organique, irrigation, récolte. Ces opérations peuvent être spécifiées par des dates fixes ou relatives au cycle de la culture. Afin de tracer des courbes de réponses par rapport aux besoins en eau des cultures et l'impact des doses d'irrigation sur le rendement, nous avons réalisé plusieurs simulations en appliquant par culture 100%, 80%, 60%, 40% et 20% de la dose appliquée par l'agriculteur.

La qualité de l'eau en termes de salinité doit être introduite en dS/m. Dans le cadre de notre étude la qualité de l'eau est différente selon les périmètres: les anciens PPI sont irrigués à partir des eaux de barrage de Laroussia, alors que les nouveaux PPI sont irrigués à partir des aux de la station de pompage P0 à Tobias.

### 1-4- Le module de la rotation

Il permet de spécifier la rotation pratiquée sur un certain horizon de temps, autrement dit de spécifier la culture principale et son (ses) précédent (s) cultural (aux). La plupart des rotations simulées sont bi-annuelles (culture principale – un précédent cultural) sauf pour les cultures pérennes (artichaut et luzerne) qui sont simulées sur plusieurs années. Ces rotations représentent en fait les activités dans le modèle bio-économique. Par exemple, pour l'exploitation-type AE14 et pour une culture de Blé Dur conduite en irrigué par Aspersion avec une technique T00 sur un sol type S5 et ayant comme précédent cultural une culture de Bersim irriguée par Aspersion, l'activité dans le modèle bio-économique sera codée comme suit : AE14.BD.ASP.T00.S5.BERSASP.

Ainsi, les rendements et les externalités de chaque activité établis par le modèle biophysique cropsys différent selon le système d'irrigation, le sol, et le précédent cultural (Voir tableau 8).

Tableau 8 : Quelques exemples de rendements par type d'activités simulées par cropsyst

| Activité | Rendement en Kg | Salinité En dS/m |
|---|---|---|
| ART.AE14.GR.S1.ARTGR | 8669 | 0,00 |
| ART.NE14.ASP.S7.ARTASP | 6873 | 0,00 |
| ART.NE24.GG.S7.ARTGG | 9788 | 0,00 |
| BD.AE14.ASP.S5.BERSASP | 3499 | 0,00 |
| BD.AE14.SEC.S3.MELGR | 755 | 0,01 |
| BD.AE24.GR.S4.AVSEC | 3110 | 0,30 |
| BD.AE43.GR.S3.MELGG | 4277 | 0,00 |
| SORG.AE24.GR.S4.BDASP | 19290 | 0,23 |
| SORG.NE24.GR.S7.BERSASP | 22999 | 0,60 |
| TOMS.NE24.GG.S7.OVERTGR | 39954 | 0,00 |
| TOMS.AE34.GG.S4.BERSASP | 68607 | 0,00 |

## 2- La conception des modèles économiques

La présente section décrira la formulation de la fonction objective et des différentes contraintes successivement pour les modèles individuels et pour le modèle agrégé.

### 2-1- Les modèles individuels

Le raisonnement agronomique est à la base de dimensionnement des activités productives. Chaque activité végétale étant définie en six dimensions relatives aux exploitations-types (s), aux cultures (ca et arb), aux techniques d'irrigation ou à la conduite en sec (t), au type du sol (so), aux précédents culturaux (pct) et aux techniques de production (tp). Bien évidemment les activités relatives à l'arboriculture sont définies sur cinq dimensions du fait que la notion de la rotation est spécifique aux cultures annuelles et pluriannuelles. On désigne donc par $X(s,ca,t,so,pct,tp)$ la superficie d'une activité végétale annuelle ou pluri-annelle et par $SARBO(s,arb,so,t,tp)$ la superficie d'une activité arboricole. Quant à l'activité animale, elle se définit pour chaque exploitation représentative par le nombre d'Unités Zootechniques Bovines (UZB) ou vaches suitées qui sont caractérisées par un certain niveau de production laitière et d'autres dérivés sous forme de vente de vaches réformées, de génisses, de velles, de veaux et de taurillons engraissés.

#### 2-1-1- Les contraintes agronomiques

##### 2-1-1-1- La superficie arboricole

La contrainte traduit que la somme sur les techniques de production d'une activité arboricole doit égaliser la superficie allouée à cette activité pour chaque exploitation-type.

##### 2-1-1-2- L'occupation du sol

Avec cette contrainte, l'objectif est de limiter la superficie mensuelle allouée aux différentes activités de production végétales à la superficie agricole utile disponible pour chaque exploitation-type selon un calendrier d'occupation du sol.

## 2-1-1-3- La rotation culturale

Dans le modèle économique l'activité de production végétale représente une succession dans le temps de deux cultures annuelles sur une même parcelle. Cela permet de prendre en compte la notion agronomique importante que constitue la rotation, puisque l'agriculture dans la BVM n'est pas conçue comme une mono-activité. Cette contrainte exprime donc que la superficie d'une culture ne doit pas dépasser la somme des superficies de ses précédents culturaux possibles.

## 2-1-1-4- L'assolement

On distingue dans le modèle l'assolement inter-annuel de l'assolement intra-annuel. La contrainte de l'assolement inter-annuel traduit l'obligation de la présence d'un certain nombre de cultures après un certain précédent cultural. Aussi et au cours de la même campagne agricole, une parcelle peut être mise en culture deux fois successivement, une culture hivernale puis une ou des cultures estivales. C'est ce qu'on désigne par l'assolement intra-annuel. Cette contrainte reflète donc que la superficie d'une ou des cultures estivales possibles ne doivent pas dépasser la superficie d'une culture hivernale dont la valeur est déterminée par le modèle.

## 2-1-2- La fonction objective et la prise en compte du risque

Le risque est pris en compte dans la fonction objective de chaque modèle économique individuel via le modèle espérance-écart-type (E,s). Il s'agit donc de maximiser l'espérance d'une fonction d'utilité qui se définit comme une combinaison linéaire du risque et du revenu net espéré.

## 2-2- Le modèle agrégé

### 2-2-1- La fonction objective
La fonction objective du modèle agrégé consiste à optimiser l'utilité espérée régionale obtenue par agrégation des utilités espérées des exploitations-types tout en gardant la spécificité des contraintes individuelles. Le problème revient donc à maximiser la somme pondérée des utilités espérées des exploitants.

### 2-2-2- Les contraintes de transfert des ressources
Les formes de transferts introduites dans le modèle agrégé concernent deux principaux facteurs de production : la terre et le travail. On a supposé que les transferts peuvent s'opérer uniquement à l'intérieur de chaque catégorie des périmètres. De ce fait on distingue les transferts qui s'opèrent dans les anciens PPI de ceux qui se réalisent dans les nouveaux PPI.

#### 2-2-2-1- Les contraintes de transfert de la terre
Pour le transfert de la terre on distingue les hectares loués (HTLOU) par les exploitants constituant la demande, des hectares cédés (HTCED) par les exploitants constituant l'offre. Ces deux variables sont à distinguer par exploitation (S), par type du sol (SO) et par précédent cultural (PCT).

#### 2-2-2-2- Les contraintes de la demande en eau
Une autre liaison entre les différents modèles individuels est représentée par les gestions communales d'eau d'irrigation qui en dernière analyse peut être assimilée à des transferts de ressource entre exploitations appartenant à la même catégorie de périmètres. C'est-à-dire que deux contraintes de restriction de la consommation globale d'eau respectivement pour les anciens et les nouveaux périmètres sont formulées. La demande en eau d'irrigation par catégorie de périmètres est restreinte par la somme des volumes alloués par les services des CRDA pour chaque périmètre irrigué.

# Quatrième partie : Interprétation et analyse des résultats du modèle bioéconomique

## Chapitre 1 : Analyse du scénario de référence

Dans ce chapitre on analysera les résultats obtenus du modèle bioéconomique relatifs à l'évolution des systèmes de production de la zone étudiée suite à l'introduction des impacts du changement climatique. Il s'agit d'une projection du scénario de base en 2030. Ce scénario consiste à introduire au niveau du scénario de base les effets potentiels du changement climatique si aucune action n'est entreprise. Cette partie intègrera également une analyse fine du comportement des exploitations et leur vulnérabilité face aux impacts du changement climatique.

Cette analyse sera faite d'une part au niveau du modèle individuel en traitant les différentes exploitations et d'autre part au niveau du modèle agrégé en tenant compte principalement de contraintes relatives aux ressources d'eau disponibles et la salinité du sol. La construction d'indicateurs synthétiques permet de mener une analyse comparée de la sensibilité et de la vulnérabilité relative des différents districts de la région pour déterminer les zones agricoles particulièrement à risque.

Notre démarche d'interprétation des résultats est la suivante :

- Evaluer l'impact du changement climatique sur le revenu de l'agriculteur ;
- Déterminer le plan de production végétale et animale retenu par le modèle (Echange de terre) ;
- Décrire les allocations de l'eau et utilisation des techniques d'irrigation ;
- Décrire l'utilisation de la main d'œuvre salariale ;
- Evaluer l'impact du changement climatique sur la salinité du sol ;

**1- Modèle individuel**

**1-1- Evolution de la marge nette**

Le changement climatique engendre des conséquences différentes selon les exploitations et leurs caractéristiques. La figure 12 présente une comparaison entre le scénario de base et celui de référence. L'idée de cette comparaison et d'évaluer l'impact du changement climatique sur la marge nette par exploitation type. De cette figure nous concluons que :

> ➤ Il y a des exploitations (Classe 1) qui arrivent à gagner plus d'argent en dépit des impacts du changement climatique, c'est le cas de l'exploitation NE34 pour laquelle la marge nette s'est augmentée de 12%,
> 
> ➤ Il y a des exploitations (Classe 2), qui arrivent, malgré l'effet climatique, à maintenir leurs revenus (<10%). Ce résultat concerne la plus part des exploitations existantes dans la basse vallée de la Medjerda (pour les nouveaux comme pour les anciens périmètres irrigués). Pour les exploitations NE24, AE 14, AE33 et AE 24, la marge nette reste exactement la même dans le scénario de base que dans le scénario de référence.
> 
> ➤ Il y a des exploitations (Classe 3), qui n'arrivent pas à maintenir leurs marges nettes (>10%). C'est le cas des exploitations AE52, AE23 et AE 12 pour lesquelles la marge nette diminue respectivement de 23, 26 et 51%.

D'autre part, on remarque qu'au niveau des anciens PPI l'absence d'exploitations dont la marge nette s'est évoluée positivement. Cette situation s'inverse au niveau des nouveaux PPI, pour lesquels nous n'observons pas des exploitations avec des marges nettes négatives (< - 10%).

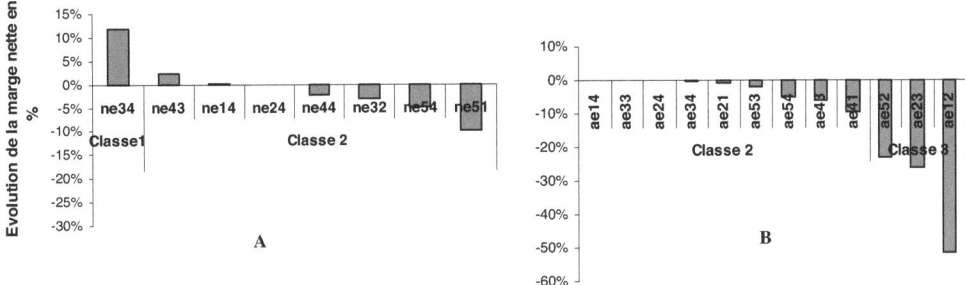

Figure 12 : Evolution de la marge nette en % entre le scénario de base et le scénario de référence. A : Nouveau PPI ; B : Ancien PPI.

Pour comprendre ces résultats, il serait indispensable de comparer d'autres indicateurs tels que l'échange des terres, le plan de production et la salinité du sol

### 1-2- Echange de terre

#### 1-2-1- Evolution de la superficie des terres

Le modèle utilisé calcule également le pourcentage des terres échangées entre les différents types d'exploitations soit par vente/achat ou par location. Au niveau des contraintes du modèle, l'échange doit se faire entre les exploitations appartenant au même périmètre (ancien et nouveau). La figure 13 montre que les superficies réduites pour l'exploitation NE44, sont récupérées par les exploitations NE34 et NE43. De même au niveau des anciens périmètres, les superficies réduites au niveau de l'exploitation AE41 sont vendues pour les exploitations AE43 et AE23. Mais ces échanges sont plus importants en termes de superficie (de l'ordre de 30%) dans les nouveaux PPI et sont insignifiants dans les anciens PPI.

En comparant les tendances de l'évolution de la terre avec celle de la marge nette, on remarque qu'il existe plusieurs cas de figures.

- Dans certains cas, la marge nette et la superficie de la terre évoluent dans le même sens, c'est le cas de l'exploitation NE43 qui a enregistré une évolution de sa marge nette et qui peut être expliquée par l'évolution de la superficie de la SAU. Ces exploitations peuvent préconiser une stratégie articulée autour de l'intensification des investissements agricoles et l'amélioration de l'organisation de l'ensemble du système productif. dans un autre registre, AE41 a enregistré une légère baisse de la marge nette expliquée en partie par la baisse de la SAU. Il est aussi important de signaler, que beaucoup d'exploitations qui ont réussi à maintenir leurs marges nettes suite à l'introduction des effets du changement climatique, ont gardé la même superficie. Ce résultat est un autre argument de la résilience de leurs systèmes de production.

- Dans d'autres cas, la situation est paradoxale. En effet, la tendance de l'évolution de la marge nette ne suit pas celle de l'évolution de la superficie de la terre. Cette situation est observée seulement dans les anciens périmètres irrigués, notamment pour les exploitations AE43 et AE23. Ce résultat peut s'expliquer par un mauvais choix dans les cultures à mettre en place dans les nouvelles superficies ; L'exploitation AE23, a introduit dans son assolement le melon qui est une culture très exigeante en eau en quantité et en qualité. D'autre part, dans l'exploitation AE43, on a enregistré une augmentation des superficies du blé conduit en sec dont la rentabilité est faible (Annexe 1).

L'échange de terre peut être considéré comme un moyen pour que les exploitations arrivent à maintenir leur rentabilité. En effet, dans certains cas, la location de terre permet aux agriculteurs d'intensifier certaines cultures rentables et par conséquent d'augmenter leurs marges nettes tout en couvrant les frais de location ; Ceci est le cas des exploitations qui disposent de moyens financiers et d'un bon foncier terre. La salinité du sol et de l'eau jouent un rôle important dans le choix des cultures à mettre en place. Dans ce cas, l'exploitation qui manifeste un changement dans sa superficie (diminution ou augmentation) n'est pas considérée résiliente à court terme si elle maintient la même superficie exploitée précédemment. Ceci dit, nous pouvons confirmer que les exploitations de la classe 1 possèdent des systèmes à capacité d'adaptation à long terme. Il est aussi important de signaler que pour certaines exploitations de classe 2 (NE43, NE44 et AE11), le maintien de la valeur de la marge nette peut être la conséquence d'une opération d'échange de terre par location . Ces dernières ne peuvent pas être considérées comme exploitations ayant des systèmes résilients à court terme car elles ont changé l'organisation de l'ensemble de leur système productif dont elles disposaient avec le scénario de base.

En ce qui concerne les exploitations de classe 3, l'origine de la baisse de la valeur de la marge nette n'est pas liée à l'échange de terre. En effets pour ces exploitations, l'échange de terre n'est pas significatif pour l'ensemble des exploitations AE52, AE23 et AE12.

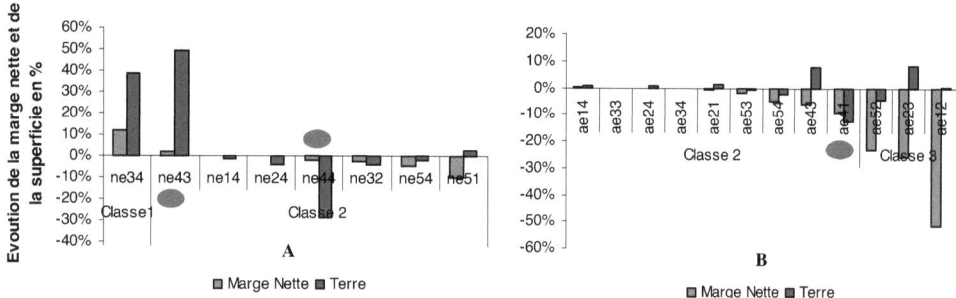

Figure 13 : Comparaison de la tendance de la marge nette et de la superficie des exploitations en % entre le scénario de base et le scénario de référence.
A : Nouveau PPI ; B : Ancien PPI.

**1-2-2- Evolution de nombre d'hectares loués et cédés**
Pour mieux comprendre l'évolution de la superficie de la terre entre le scénario de base et le scénario de référence, nous nous sommes intéressés à l'analyse du comportement des agriculteurs face à la location des terres avant et après le changement climatique.
Le tableau 9 résume ces résultats qui montrent que le comportement diffère selon les exploitations.
- Il y a des exploitants qui cèdent leur terre avec le scénario de base, cependant avec le scénario de référence ils louent des terres, c'est le cas des exploitations type NE34.
- D'autres exploitations qui ont opté pour le maintien de leurs terres suite à l'introduction du scénario de référence au lieu de les céder. C'est le cas des exploitations NE43.
- Certaines exploitations préfèrent céder plus de terre, c'est le cas de l'exploitation NE54.

- D'autres exploitations réduisent le nombre d'hectares loués. C'est le cas des exploitations NE44 et AE54. A l'inverse, les exploitations NE51 et AE43 ont tendance à louer plus de terre pour maintenir leur équilibre financier.

→ Toutes ces exploitations cherchent, de manières différentes, à maintenir leur stabilité économique, à travers une conversion du mode d'échange de terre. Il s'agit, d'exploitations ayant des systèmes à capacité d'adaptation différentes.

Tableau 9 : Evolution du nombre d'hectares loués ou cédés pour quelques exploitations entre le scénario de base et le scénario de référence

|  |  | ne34 | ne43 | ne54 | ne44 | ae54 | ne51 | ae43 |
|---|---|---|---|---|---|---|---|---|
| Scénario de base | ha loué |  |  |  | 11,84 | 10,19 | 1,77 |  |
|  | ha cédé | 3,87 | 13,57 | 1,58 |  |  |  | 0,00 |
| Scénario de Référence | ha loué | 1,26 |  |  | 2,15 | 7,92 | 3,27 | 1,70 |
|  | ha cédé |  | 0,60 | 6,11 |  |  |  |  |

En ce qui concerne les exploitations de classe 2 (celles qui ont maintenu leurs marges nettes), la majorité d'entre elles ont maintenu de l'échange des terres (voir tableau 10). Les exploitations AE14, AE21, AE24, NE 24, AE34 et AE53 continuent à louer la même superficie. D'autre part, les exploitations NE 14 et AE 34 maintiennent leurs superficies et l'exploitation NE32 continue à céder une partie de sa terre.

Pour les exploitations de classe 3 qui ont subi une chute de leur marge nette, les exploitants gardent aussi le même comportement concernant la variable échange des terres entre le scénario de base et le scénario de référence.

Tableau 10 : Evolution du nombre d'hectares loués ou cédés pour les exploitations classe 2 et classe 3 entre le scénario de base et le scénario de référence

|  |  | Classe 2 | | | | | | | | Classe 3 | | |
|---|---|---|---|---|---|---|---|---|---|---|---|---|
|  |  | Ae 14 | Ne 14 | Ae 21 | Ae 24 | Ne 24 | Ae 34 | Ae 33 | Ne 32 | Ae 53 | Ae 12 | Ae 23 | Ae 52 |
| Scénario de base | ha loué | 0,3 |  | 1,5 | 0,9 | 0,6 |  | 0,2 |  | 23,4 |  |  |  |
|  | ha cédé |  |  |  |  |  |  |  | 0,8 |  |  | 1,4 | 34,2 |
| Scénario de Référence | ha loué | 0,3 |  | 1,6 | 0,9 | 0,1 |  | 0,2 |  | 22,6 |  |  |  |
|  | ha cédé |  |  |  |  |  |  |  | 1,5 |  |  | 1,3 | 35,8 |

La figure 14 résume les différents comportements des exploitations face à l'introduction du scénario de référence suite à l'introduction de l'effet changement climatique.

Il ressort de ce schéma que globalement ce sont les petites et moyennes exploitations dont la superficie est comprise entre 5 et 20 ha qui maintiennent leurs revenus sans faire de changement au niveau du foncier. Ceci est vrai pour les nouveaux et les anciens périmètres irrigués. C'est seulement l'exploitation AE53 dont la superficie est supérieure à 50 ha qui fait l'exception. Cependant, les exploitations qui maintiennent leur revenu suite à une extension ou à la réduction de leur foncier ont toute une superficie supérieure à 20 ha.

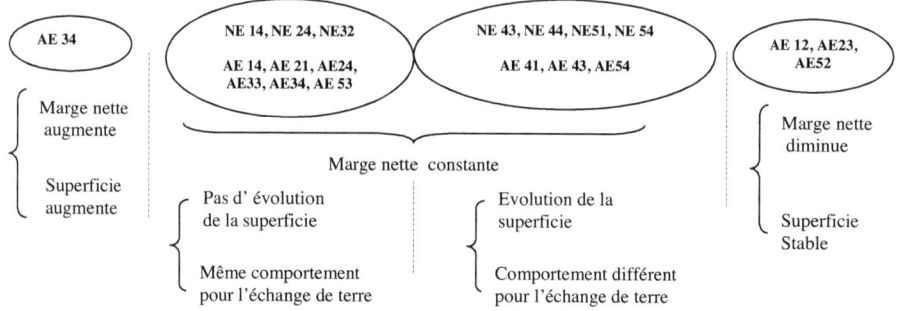

Figure 14 : Les différents comportements des exploitations suite au passage du scénario de base au scénario de référence

### 1-3- Evolution du système de production

Les exploitations de la basse vallée de la Medjerda présentent différents systèmes de production. Les systèmes de culture les plus fréquents sont la céréaliculture, l'arboriculture, le maraîchage et les cultures fourragères. Dans cette partie on analysera la capacité de résistance des exploitations aux impacts du changement climatique selon les systèmes de cultures cultivés dans chaque type d'exploitation.

### 1-3-1- Cas des exploitations pour lesquelles la marge nette augmente

Les exploitations de type NE34 sont caractérisées par un système de culture composée principalement de grandes cultures et de cultures fourragères (qui représentent environ 90% de l'assolement). Seulement 10% de la superficie est cultivée par des cultures maraichères. Cependant, l'arboriculture est totalement absente dans ce type d'exploitation (Figure 15).

Dans le scénario de référence, la part des grandes culture dans l'assolement a augmenté en moyenne de 10%. Cette augmentation est répercutée sur la part des cultures fourragères qui baissent de 10%. L'orientation vers les grandes cultures, notamment la céréaliculture, semble être à l'origine de l'élévation de la marge nette de cette exploitation.

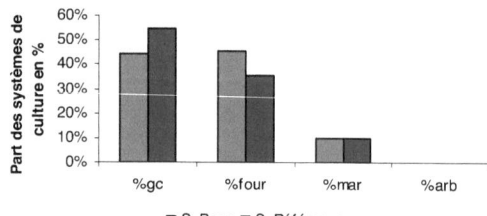

Gc : Grande culture ; Four : Fourrage ; Mar : Maraîchage ; Arb : Arboriculture

Figure 15 : Part des systèmes de culture entre le scénario de base et le scénario de référence pour l'exploitation NE34

### 1-3-2- Cas des exploitations à marge nette constante et à foncier terre stable

D'après la figure 16, on constate que ces exploitations ont la particularité d'avoir un assolement bien diversifié, dans lequel on rencontre les différents systèmes de culture à savoir : les grandes cultures, le maraichage, les cultures fourragères et l'arboriculture. Cette diversification peut être à l'origine de la viabilité économique de ces exploitations. Globalement, la part des grandes cultures, des cultures fourragères et de l'arboriculture dans l'assolement est la même, la moyenne est de l'ordre de 30%. L'arboriculture est considérée comme activité secondaire, en moyenne cette activité est présente avec moins de 10% dans l'assolement des exploitations. La figure 16 montre aussi que les systèmes de culture sont restés les mêmes avec et sans implication des effets du changement climatique. Ceci présente un autre argument de la résilience du système de production actuel.

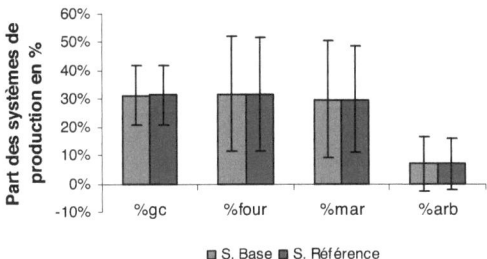

Figure 16 : Part des systèmes de culture entre le scénario de base et le scénario de référence des exploitations qui maintiennent leur marge nette sans changer la superficie de leurs terres

### 1-3-3- Cas des exploitations à marge nette constante et ayant un foncier terre variable

Les résultats du modèle, illustrés dans la figure 17 montrent que les grandes cultures sont l'activité principale des exploitations qui arrivent à maintenir leur marge nette tout en modifiant la superficie de leur terre à travers la location des terres. Les grandes cultures sont présentes dans le plan de production avec une moyenne de 50%. Le maraîchage, l'arboriculture et les cultures de fourrages sont considérés comme une activité secondaire avec respectivement une part moyenne de 12%, 17% et 18%. Suite à l'introduction de l'effet changement climatique (scénario de référence), les grandes cultures ont tendance à augmenter légèrement dans le plan de production de ces exploitations.

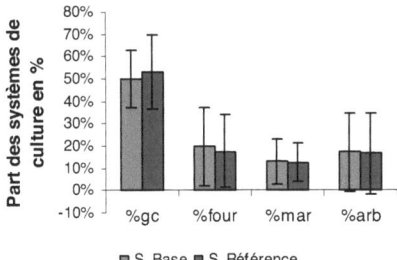

Figure 17 : Part des systèmes de culture entre le scénario de base et le scénario de référence des exploitations à marge nette constante et ayant un foncier terre mobile

### 1-3-4- Cas des exploitations pour lesquelles la marge nette diminue et à foncier stable

La figure 18 montre que ces exploitations qui sont à dominance arboricole, enregistrent une baisse de leurs revenus nets suite à l'introduction des impacts du changement climatique. La part moyenne de l'arboriculture dépasse les 60%. L'activité secondaire mise en place est les cultures fourragères avec une part moyenne de 20%. Les activités de grandes cultures et de maraîchage sont négligeables. La présence de l'arboriculture, peu flexible et nécéssitant des investissements lourds pour leurs remplacements, peut être la cause de la baisse des revenus. Cette activité semble être la plus sensible aux effets du changement climatique, notamment à la salinité du sol. En effet, d'après les résultats relatifs à l'évolution de la salinité entre le scénario de référence et le scénario de base (annexe 2), on remarque que la salinité des sols occupés par les pommiers, les poiriers et grenadiers évoluent respectivement de 4,2dS/m à 6,5ds/m, 3,3 dS/m à 5,1 dS/m et de 2,8 dS/m à 4,2 dS/m. Ces valeurs sont très élevées et dépassent les seuils de tolérance à la salinité de chacune de ces cultures.

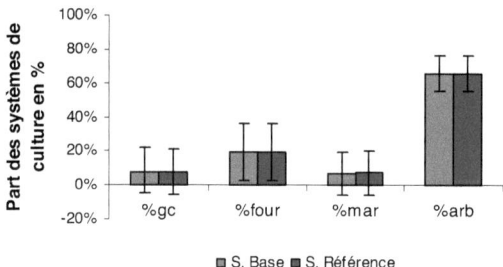

Figure 18: Part des systèmes de culture entre le scénario de base et le scénario de référence des exploitations dont la marge nette a diminué

### 1-4- Evolution de la spéculation animale

Pour analyser les résultats relatifs à la production animale, le modèle utilisé présente comme résultats de sortie, le nombre d'UZB[9], la production de lait et les recettes totales de la spéculation animale qui est égale à la somme d'argent issue de la vente du lait et du cheptel animal. Afin de poursuivre l'analogie du raisonnement basée sur l'indentification des différents comportements des agriculteurs face aux changements climatiques, nous avons comparé l'ensemble des indicateurs mentionnés précédemment entre le scénario de base et le scénario de référence tout en gardant les mêmes catégories d'exploitations. Ceci nous permettra d'étudier l'impact de la spéculation animale sur l'équilibre du système global.

Les résultats présentés dans le tableau 11, montrent que le changement climatique n'a pas d'effets significatifs sur l'activité animale. En effet, pour toutes les catégories d'exploitations, le nombre d'UZB par exploitation ainsi que de la production de lait reste identique. Et par conséquent les recettes de cette activité restent stables. Dans ce cas, la chute de la marge nette enregistrée par quelques exploitations n'est pas due à une diminution des recettes de la production animale.

Ces résultats nous permettent de conclure, que la production animale est peu sensible aux effets du changement climatique et que les exploitations spécialisées dans la production animale peuvent s'adapter à court terme. De plus, ces résultats nous permettent de dire que la spéculation végétale est la plus vulnérable et que l'introduction de l'activité de production animale peut être une des stratégies

---

[9] Unité zootechnique bovine

d'adaptation qui permet d'atténuer les impacts du changement climatique et de maintenir la viabilité économique des exploitations de la région à condition de produire des quantités suffisantes de fourrages et que le prix de concentré n'augmente pas trop.

Tableau 11 : Evolution du nombre UZB, de la production de lait et de la recette totale pour les différentes catégories d'exploitations entre le scénario de base et le scénario de référence

|  | Catégorie d'exploitation | 1 | 2 | 3 | 4 |
|---|---|---|---|---|---|
| UZB | moyenne | 0% | -1,7% | -2,7% | -0,1% |
|  | Ecart-type | 0,0 | 0,04 | 0,05 | 0,00 |
| Production de lait | moyenne | 0% | -1,7% | -2,7% | -0,1% |
|  | Ecart-type | 0,0 | 0,04 | 0,05 | 0,00 |
| Recette totale | moyenne | 0% | -1,7% | -2,7% | -0,1% |
|  | Ecart-type | 0,0 | 0,04 | 0,05 | 0,00 |

1 : Exploitations dont la marge nette augmente et ayant un foncier terre mobile
2 : Exploitation à marge nette constante et ayant un foncier terre stable
3 : Exploitation à marge nette constante et ayant un foncier terre mobile
4 : Exploitation dont la marge nette diminue et ayant un foncier terre stable

### 1-5- Evolution de l'utilisation de l'eau

#### 1-5-1- Cas des exploitations pour lesquelles la marge nette augmente

Les résultats du tableau 12 montrent, que les exploitations de type NE 34, ont tendance à réduire la quantité d'eau consommée par hectare suite à l'application du scénario de référence. Cette diminution se répercute sur le taux d'intensification[10] qui diminue de 23% et le pourcentage de conduite en sec qui augmente de 10%. Les résultats précédents, ont montré que ces exploitations, ont tendance à augmenter leurs superficies en louant des terres (au lieu de les céder) tout en se focalisant sur l'activité de grandes cultures. Ceci nous amène à déduire que pour certaines exploitations l'orientation vers les cultures pluviales peut être une solution envisageable pour maintenir (au bien augmenter) la viabilité économique de leurs exploitations.

Tableau 12 : Evolution de la quantité d'eau consommée en $m^3$/ ha, du taux d'intensification et du système de conduite pour les exploitations NE34 entre le scénario de base et le scénario de référence

| Evolution en % de la quantité d'eau consommée $m^3$/ha | Evolution du taux d'intensification | % de la superficie conduite en sec | | % de la superficie conduite en irrigué | |
|---|---|---|---|---|---|
|  |  | S. Base | S. Référence | S. Base | S. Référence |
| -7,3% | -23,7% | 53% | 63% | 47% | 37% |

---

[10] Taux d'intensification = superficie effectivement irriguée * 100 / superficie irrigable. La superficie effectivement irriguée peut être supérieure à la superficie irrigable dès lors qu'une ou plusieurs parcelles son cultivées et irriguées deux fois de suite au cours de la même campagne agricole.

### 1-5-2- Cas des exploitations à marge nette constante et à foncier terre stable

Les résultats du tableau 13, montrent que la quantité d'eau par hectare consommée augmente de 11%. Cette augmentation est due à l'augmentation de l'ETP. Ces exploitations ne souffrent pas de manque d'eau, et la disponibilité de cette source permettait aux agriculteurs de garder leurs systèmes de culture (le taux d'intensification est maintenu stable), leurs fonciers, et par conséquent, leurs marges nettes. Dans ces exploitations, plus de 80% de la SAU est irriguée. Ceci est du à un système de production basé essentiellement sur des cultures consommatrices d'eau (maraîchères, fourragères).

Tableau 13 : Evolution de la quantité d'eau consommée/ ha, du taux d'intensification et du système de conduite pour les exploitations à marge nette constante et à foncier terre stable entre le scénario de base et le scénario de référence

|  | Evolution en % de la quantité d'eau consommée m³/ha | Evolution du taux d'intensification | % de la superficie conduite en sec | | % de la superficie conduite en irrigué | |
|---|---|---|---|---|---|---|
|  |  |  | S. Base | S. Référence | S. Base | S. Référence |
| Moyenne | 11,4% | 0,5% | 17,2% | 16,9% | 82,8% | 83,1% |
| Ecart-type | 0,06 | 0,03 | 0,16 | 0,16 | 0,16 | 0,16 |

### 1-5-3- Cas des exploitations à marge nette constante et à foncier terre variable

Ces exploitations présentent les mêmes tendances en termes d'évolution de la consommation d'eau par hectare et du taux d'intensification que les exploitations à marge nette stable et à foncier terre stable. Les 11% de plus d'eau consommée par hectare permettent de satisfaire les besoins des cultures dans le contexte du changement climatique. Ces exploitations ont tendance à conduire les cultures en irrigué avec un taux de l'ordre de 80%, notamment les grandes cultures qui présentent l'activité principale (tableau 14). Il est aussi important de signaler, que le mode de conduite (en irrigué et en sec) pour ces exploitations n'a pas changé entre le scénario de référence et le scénario de base.

Tableau 14 : Evolution de la quantité d'eau consommée/ ha, du taux d'intensification et du système de conduite pour les exploitations à marge nette constante et à foncier terre variable entre le scénario de base et le scénario de référence.

|  | Evolution en % de la quantité d'eau consommée m³/ha | Evolution du taux d'intensification | % de la superficie conduite en sec | | % de la superficie conduite en irrigué | |
|---|---|---|---|---|---|---|
|  |  |  | S. Base | S. Référence | S. Base | S. Référence |
| Moyenne | 11,0% | 0,0% | 20,4% | 21,1% | 79,6% | 78,9% |
| Ecart-type | 0,08 | 0,04 | 0.18 | 0,18 | 0,19 | 0,18 |

## 1-5-4- Cas des exploitations dont la marge nette diminue

Le comportement des exploitants envers la ressource en eau est identique à celui des exploitants dont la marge nette est restée constante. La diminution de la marge nette de ces exploitations n'est pas due à des stress hydriques car l'eau n'est pas un facteur limitant malgré l'augmentation de 12% des besoins en eau. De plus, la superficie irriguée, qui représente 78% de la SAU totale, est restée inchangée malgré l'effet climatique (tableau 15).

Tableau 15 : Evolution de la quantité d'eau consommée/ ha, du taux d'intensification et du système de conduite pour les exploitations dont la marge nette diminue entre le scénario de base et le scénario de référence

|  | Evolution en % de la quantité d'eau consommée m$^3$/ha | Evolution du taux d'intensification | % de la superficie conduite en sec | | % de la superficie conduite en irrigué | |
|---|---|---|---|---|---|---|
|  |  |  | S. Base | S. Référence | S. Base | S. Référence |
| Moyenne | 12,26% | -0,18% | 21,91% | 22,18% | 78,09% | 77,82% |
| Ecart-type | 0,02 | 0,00 | 0,19 | 0,20 | 0,19 | 0,20 |

Les résultats relatifs à l'évolution de la quantité d'eau par hectare pour les différentes catégories d'exploitations, montrent bien que l'eau est disponible pour couvrir les besoins supplémentaires des cultures. Ce qui permet à certaines exploitations de maintenir leurs productions et de garder le même taux d'intensification et les mêmes systèmes de conduite.

## 1-6- Evolution de la main d'œuvre occasionnelle

La figure 19 montre que l'évolution de la main d'œuvre occasionnelle n'est pas significative pour les exploitations dont la marge nette varie en augmentant ou en diminuant. Pour les exploitations dont la marge nette varie, la main d'œuvre louée n'évolue pas pour la majorité des exploitations à l'exception des exploitations NE32 et NE 54 qui réduisent d'un tiers le nombre total de main d'ouvre louée. Ceci s'explique par la réduction du nombre d'hectares loués par l'exploitation NE54. Cependant, pour les exploitations NE32, qui tendent à maintenir la même superficie ainsi que l'assolement avec le scénario de changement climatique, la diminution du nombre de main d'œuvre occasionnelle louée semble être le résultat d'une meilleure gestion de la main d'œuvre.

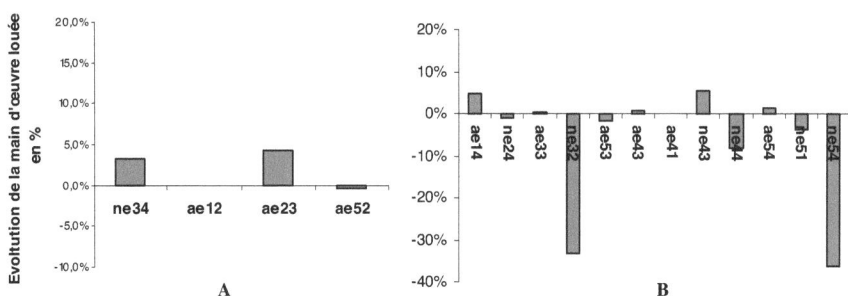

Figure 19 : Evolution de la main d'œuvre occasionnelle louée entre le scénario de base et le scénario de référence. A : Exploitations dont la marge nette varie ; B : Exploitations dont la marge nette est stable

## 2- Modèle agrégé

L'intérêt d'un modèle agrégé est d'étudier le comportement général au niveau régional à travers les mêmes indicateurs, tout en tenant compte des différentes contraintes du système.

### 2- 1- Evolution de la marge nette

D'après les résultats du modèle relatif à l'évolution de la marge nette et des recettes produites par les différentes activités agricoles, illustrés dans la figure 20, on tire les conclusions suivantes :

- La marge nette globale au niveau de la basse vallée de la Medjerda, diminue de 8%. Le système global au niveau des exploitations des anciens périmètres irrigués est plus sensible aux effets du changement climatique que celui des nouveaux PPI. En effet, la diminution de la marge nette est de l'ordre de 10% dans les anciens PPI. Cependant dans les nouveaux PPI, la marge nette est presque constante.

- L'arboriculture est l'activité la plus sensible aux effets du changement climatique au niveau de la basse vallée de la Medjerda, des anciens et des nouveaux PPI. En effet, la valeur des recettes produites de cette activité diminue de 17%. Une telle diminution résulterait de la sensibilité de cette activité aux effets du changement climatique sur la salinité de l'eau et du sol. Ce résultat concorde avec les résultats trouvés dans la partie précédente, dans laquelle on a constaté que les exploitations spécialisées en arboriculture (plus de 60 % du plan de production végétale) sont celles qui atteignent une diminution de leur marge nette avec l'utilisation du scénario de référence.

- Les recettes de l'activité du maraîchage et de la production animale n'ont pas évoluées avec l'introduction des effets du changement climatique. Ces activités semblent être plus résistantes que l'arboriculture. En ce qui concerne, les recettes des grandes cultures, celles ci ont légèrement augmenté, avec plus d'importance dans les nouveaux PPI que dans les anciens. Ce résultat peut être la conséquence de l'intensification de cette activité dans l'assolement de quelques exploitations, résultat observé dans la partie précédente, notamment pour l'exploitation NE34.

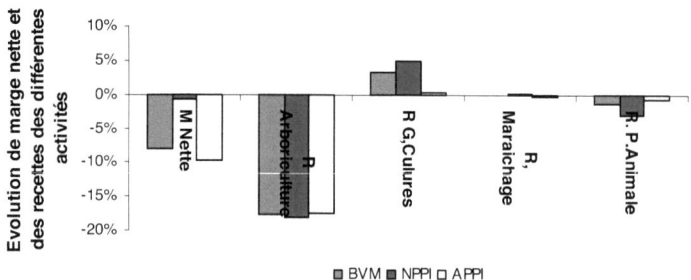

Figure 20 : Evolution de la marge nette et des recettes par système de culture entre le scénario de base et le scénario de référence au niveau de la BVM, anciens et nouveaux PPI

## 2- 2- Evolution du plan de la production végétale

Le plan d'assolement au niveau de la basse vallée de la Medjerda, les anciens et les nouveaux PPI, reste stable avec les deux scénarios évalués par notre modèle (Figure 21). D'après cette figure on remarque qu'au niveau de la BMV. toutes les activités sont présentes avec des proportions très proches (entre 20 et 30%). Cependant, pour les nouveaux PPI, les grandes cultures ainsi que les cultures fourragères sont considérées comme activités principales. Dans le scénario de référence, la part des grandes cultures dans le plan de production végétale a tendance à augmenter légèrement au dépend d'une légère chute des cultures fourragères.

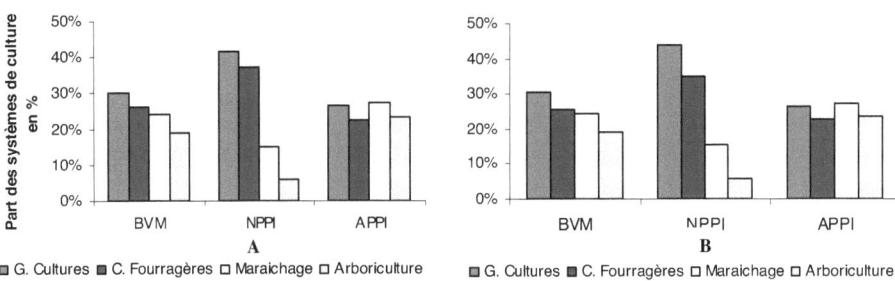

Figure 21 : Plan de production végétale au niveau de la BVM, anciens et nouveaux PPI. A : Scénario de Base ; B : Scénario de référence

## 2- 3- Evolution de l'utilisation de l'eau

Les résultats présentés dans le tableau 16, montrent que la SAU irriguée représente 78% de la SAU totale. Cette valeur reste stable avec le scénario de référence. D'un autre coté, la consommation d'eau par hectare a enregistré une augmentation de l'ordre de 10% dans les anciens PPI et de 12% dans les nouveaux PPI. Cette augmentation, qui n'est pas due à l'augmentation des superficies irriguées (Le taux d'intensification a resté stable pour les trois systèmes), peut s'expliquer par l'augmentation de l'ETP. En effet, la valeur du taux d'utilisation de l'eau n'est pas alarmante est reste au dessous de 50% du total disponible pour la BVM..L'évolution de taux d'intensification est plus importante dans les anciens PPI que dans les nouveaux PPI.

En ce qui concerne l'efficience de l'eau au niveau de la basse vallée de la Medjerda, exprimée en $dt/m^3$, cette dernière atteint une diminution de 0.1 $dt/m^3$ et passe de 0.7 $dt/m^3$ d'eau avec le scénario de base à une valeur de 0.6 $dt/m^3$ d'eau. Cette diminution est due à la fois à l'augmentation de la salinité d'eau utilisée et au maintien de la même superficie irriguée.

Tableau 16 : Evolution de la quantité d'eau consommée/ ha, du taux d'intensification, du taux d'utilisation d'eau et du système de conduite (en irrigué ou en sec) dans la BVM, anciens et nouveaux PPI

|  | Sec | | Irrigué | | T. Intensification | | Evolution consommation eau/ha | Taux utilisation de l'eau | |
|---|---|---|---|---|---|---|---|---|---|
|  | S.Base | S.Ref | S.Base | S.Ref | S.Base | S.Ref |  | S.Base | S.Ref |
| BVM | 22% | 22% | 78% | 78% | 87,53 | 87,39 | 10,8% | 40,4% | 44,8% |
| Nouveaux PPI | 23% | 23% | 77% | 77% | 89,05 | 88,80 | 12,0% | 27,4% | 30,7% |
| Anciens PPI | 22% | 22% | 78% | 78% | 87,07 | 86,96 | 10,5% | 45,3% | 50,1% |

## 2- 4- Evolution de la salinité du sol

Les résultats du tableau 17, montrent que la salinité évolue différemment selon le type de sol et de système de culture. Globalement, la salinité du sol reste la même ; Cependant, il existe quelques sols pour lesquels la salinité a légèrement évolué en augmentant ou en diminuant. Dans le sol S2 ont a enregistré une augmentation de la salinité avec le scénario de référence (+ 1,1 dS/m and S2). De plus, on remarque une légère diminution de la valeur de la salinité dans les sols S1 et S7. Ces résultats peuvent s'expliquer par l'importance de la part de l'arboriculture qui représente 75% des cultures implantées dans le sol S2 (surtout la culture du poirier) et de son absence dans le sol S7. La sensibilité de l'activité de l'arboriculture à la salinité de l'eau peut s'expliquer par le fait que les cultures principalement cultivées (poirier, pommier) demandent une irrigation estivale ; Par l'effet de l'évapotranspiration, l'accumulation de sels dans le sol est beaucoup plus importante pendant la saison estivale. L'irrigation par une eau plus chargée pendant la saison estivale augmente le risque de la salinité des sols et engendre des effets sur les rendements des cultures.

En ce qui concerne les sols dont la salinité reste constante avec le scénario de référence, tel est le cas de S3, S4, S5 et S6, la stabilité de la qualité du sol semble être liée à une diversification des modes de culture pour chaque type de sol. En effet, pour ces types de sol, les activités de grandes cultures, de maraîchage, de cultures fourragères et d'arboriculture sont présentes dans chaque sol avec des proportions très proches.

Tableau 17 : Evolution de la salinité en (dS/m) pour les différents types de sol selon les assolements mis en place

|  | s1 | s2 | s3 | s4 | s5 | s6 | s7 | s8 |
|---|---|---|---|---|---|---|---|---|
| S. Base | 0,95 | 2,40 | 0,50 | 0,30 | 0,09 | 0,16 | 0,42 | 0,30 |
| S. Référence | 0,42 | 3,53 | 0,41 | 0,35 | 0,12 | 0,14 | 0,18 | 0,64 |
| Grandes cultures | 0% | 16% | 36% | 30% | 13% | 32% | 35% | 63% |
| Jachère | 0% | 1% | 1% | 1% | 0% | 4% | 0% | 0% |
| Cultures | 62% | 2% | 16% | 21% | 31% | 25% | 45% | 20% |
| Maraîchage | 17% | 6% | 24% | 31% | 23% | 21% | 20% | 10% |
| Arboriculture | 21% | 75% | 23% | 16% | 34% | 18% | 0% | 7% |

## 3- Conclusions

L'analyse comparative des résultats relatifs à l'évolution du système socioéconomique et environnemental des différentes exploitations de la basse vallée de la Medjerda entre le scénario de base et le scénario de référence, nous a permis de dégager les conclusion suivantes.

> Au niveau du modèle individuel :

- Les exploitations se comportent différemment face aux nouvelles conditions climatiques, il existe des exploitations qui possèdent un système de production résilient à court terme et d'autres qui ont un système de production ayant une capacité d'adaptation à long terme.
- Les exploitations qui arrivent à maintenir leurs marges nettes sans modifier le mode fonctionnement mis en place (Plan de production agricole, Echange de terre) sont celles caractérisées par un mode de culture diversifié, basé essentiellement sur les grandes cultures, cultures fourragères et le maraîchage. Les exploitations spécialisées en arboriculture sont les plus sensibles face aux changements climatiques.
- La production animale est une activité peu sensible aux effets du changement climatique.
- La main d'œuvre occasionnelle utilisée est peu influencée par les effets du changement climatique.
- La consommation de l'eau par hectare évolue proportionnellement avec l'évolution des nouveaux besoins des cultures en eau.

> Au niveau du modèle agrégé :

- La marge nette globale au niveau de basse vallée de la Medjerda diminue de 8%. La diminution est due principalement à la baisse des recettes de l'arboriculture.
- Les nouveaux périmètres irrigués sont les moins vulnérables aux effets du changement climatique.
- La salinité du sol augmente considérablement dans les sols dans lesquels se pratique l'arboriculture en grande proportion. Cependant, la diversification des systèmes de cultures avec des proportions égales, est à l'origine de la stabilité de la salinité des sols.
- L'eau n'est pas un facteur limitant dans la basse vallée de la Medjerda. Le taux d'utilisation atteint seulement 50% avec le scénario de référence.

# Chapitre 2 : Scénarios de stratégies d'adaptation face au changement climatique

Des initiatives existent à travers la région en matière d'adaptation en vue de réduire la grande vulnérabilité aux effets néfastes de variabilité et changement climatique actuel ou futur. La diminution observée de la marge nette globale au niveau de la basse vallée de la Medjerda et des rendements des principales cultures pose la question des stratégies d'adaptation qui pourraient être adoptées. De plus, les impacts identifiés pour la région concernent les ressources en eau, en sol, en main d'œuvre en relation surtout avec les événements extrêmes. Du fait que les ressources en eau soient un secteur clé de plus en plus fragile dans la région en raison des besoins croissants des ménages, de l'agriculture, de l'élevage, de l'industrie, de l'énergie etc, les activités d'adaptation qui seront abordées dans cette partie seront concentrées autour de ce secteur. Différentes options potentielles dans le secteur hydrique, qui développerait l'offre et qui améliorerait surtout la gestion de la demande, peuvent être définies pour réduire la vulnérabilité de l'agriculture. D'autre part, la mise en place de politique de l'eau à traves la tarification de l'eau et axée de manière structurelle sur la rareté de la ressource permettrait de réduire les risques posés par le changement climatique tout en répondant à des défis déjà sensibles. Ces politiques d'adaptation au changement climatique dans ces secteurs sont donc généralement concomitantes avec les objectifs de développement durable.

L'étude des scénarios sera présentée en deux parties : Dans la première partie, on va analyser et interpréter les résultats relatifs à l'introduction des nouvelles techniques d'irrigation avec l'ancienne tarification (H1B) et dans la deuxième partie, on va analyser et interpréter les résultats relatifs à l'introduction des nouvelles techniques d'irrigation avec la nouvelle tarification (H2B).

## 1- Etude du Scénario de référence + Innovation technologique par le changement du mode d'irrigation

### 1-1- Définition du scénario

Le problème d'optimisation de la conduite de l'irrigation n'est pas un problème récent mais tend toujours à être amélioré. De plus, les événements récents de sécheresse ou de restriction de tours d'eau pour l'irrigation ont souligné l'importance d'un tel problème, l'offre d'eau allouée aux agriculteurs étant de plus en plus limitée. Ce scénario s'intéresse aux équipements d'irrigation, à la répartition des apports d'eau sur la parcelle et aux transferts dans les sols de l'eau et de solutés. Le but de l'application de ce scénario et de mieux utiliser les équipements en améliorant les performances des installations d'irrigation au niveau d'une parcelle agricole, d'améliorer les rendements, et d'éviter le gaspillage d'eau et les risques de pollution.

Deux types de données ont été utilisés. La première concerne les données nécessaires pour utiliser le modèle de simulation agronomique. Il s'agit de données relatives à la culture considérée, aux paramètres climatiques et pédologiques et aux itinéraires techniques. La deuxième catégorie porte sur les données économiques nécessaires pour calculer le profit de l'agriculteur.

### 1-2- Résultats des simulations

### 1-2-1- Analyse des performances des exploitations

L'introduction des nouvelles techniques d'irrigation (aspersion et goutte à goutte), qui sont plus efficientes en termes de rendement et d'économie d'eau a un impact différent sur l'évolution de la marge nette des exploitations selon leurs caractéristiques. Chaque exploitation est repérée par un titre et sa zone d'appartenance. Son activité est identifiée à partir de l'occupation du sol, du verger, de la composition du cheptel, des charges fixes, des recettes et des dépenses diverses.

Le revenu agricole global réel est demeuré relativement stable. En effet, la marge brute globale, au niveau de la basse vallée de la Medjerda reste identique à celle du scénario de base ( + 0,18% ) sachant que cette valeur a diminué de 8% avec le scénario de référence (Tableau 18).

La situation de stabilité économique est observée dans les deux périmètres. L'utilisation des nouvelles techniques d'irrigation a permis de couvrir la baisse de 10% de la valeur de la marge nette au niveau des nouveaux périmètres irrigués, observée dans les simulations avec le scénario de référence.

Tableau 18 : Evolution de la marge nette entre le scénario de base et le scénario ( référence + Innovation dans la technique d'irrigation) :

|  | Basse vallée de la Medjerda | Anciens périmètres irrigués | Nouveaux périmètres irrigués |
|---|---|---|---|
| Evolution marge nette en % | 0,18% | 0,28% | - 0,27% |

L'analyse des résultats du modèle individuel illustré dans la figure 22, montre qu'en dépit d'une tendance globale à une stabilisation des revenus au niveau de la basse vallée de la Medjerda, il existe des exploitations agricoles dont les revenus agricoles nets évoluent négativement et celles dont les revenus agricoles nets évoluent positivement.

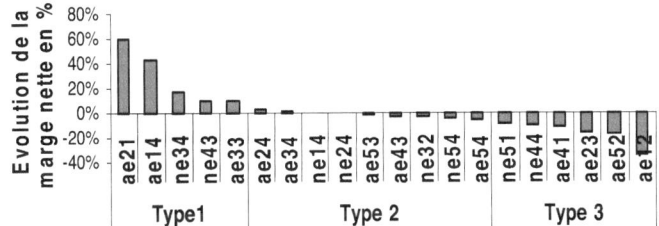

Figure 22 : Evolution de la marge nette en % entre le scénario de base et Scénario de référence + Innovation technologique par le changement du mode d'irrigation

Pour comprendre les évolutions des marges nettes, on va essayer dans la partie suivante de les expliquer à travers l'analyse des trois variables suivants: la superficie totale exploitée, la main d'œuvre employée et les systèmes de cultures mis en place.

**1-2-1-1- Interaction avec l'évolution de la superficie totale exploitée**

L'augmentation des superficies louées par les exploitations AE14, AE21 et AE33 et la diminution des superficies cédées par les exploitations NE34 et NE43 peuvent être un indicateur sur l'évolution de la marge nette de ces exploitations (Tableau 19). Dans le cas contraire, c'est à dire pour les exploitations qui tendent à diminuer la superficie louée et augmenter la superficie cédée, la marge nette reste stable. Ceci est le cas des exploitations AE24, NE24 AE53, AE54 et NE54. En ce qui concerne les exploitations dont la marge nette diminue, on remarque que la majorité d'entres elles gardent la même superficie à l'exception de l'exploitation NE44 qui a réduit le nombre d'hectares loués en passant de 12 ha à 1,5 ha.

On peut interpréter ces résultats par le fait que la mise en place des nouvelles techniques d'irrigation permet à certaines exploitations d'agrandir leur superficie et par conséquent d'augmenter leur marge nette en dépit des contraintes du changement climatique ; Pour les exploitations qui n'ont pas investi pour le renouvellement des techniques d'irrigation, céder une partie de leurs terres semble être la meilleure solution pour stabiliser leurs marges nettes. Les exploitations qui restent sans changement de superficie sont plus susceptibles de subir des pertes associées aux effets du changement climatique.

Tableau 19 : Echange de terre entre scénario de base et le scénario (référence + Innovation dans la technique d'irrigation) :

*Exploitation dont la marge nette augmente

| Scénario | | ae14 | ae21 | ae33 | ne34 | ne43 |
|---|---|---|---|---|---|---|
| Base | ha loué | 0,27 | 1,53 | 0,21 | | |
| | ha cédé | | | | 3,87 | 13,57 |
| Référence + changement technique d'irrigation | ha loué | 0,74 | 1,70 | 0,92 | 0,86 | |
| | ha cédé | | | | | 0,74 |

*Exploitation dont la marge nette reste stable

| Scénario | | ne14 | ae24 | ne24 | ae34 | ne32 | ae43 | ae53 | ae54 | ne54 |
|---|---|---|---|---|---|---|---|---|---|---|
| Base | ha loué | | 0,87 | 0,56 | | | | 23,38 | 10,19 | |
| | ha cédé | | | | | 0,79 | 0,00 | | | 1,58 |
| Référence + changement technique d'irrigation | ha loué | | 0,50 | 0,14 | | | 1,21 | 14,40 | 2,97 | |
| | ha cédé | | | | | 0,78 | | | | 5,60 |

*Exploitation dont la marge nette diminue

| Scénario | | ae12 | ae23 | ae41 | ne44 | ae52 | ne51 |
|---|---|---|---|---|---|---|---|
| Base | ha loué | | | | 11,84 | | 1,77 |
| | ha cédé | 1,41 | 6,84 | | 34,21 | | |
| Référence + changement technique d'irrigation | ha loué | | | | 1,42 | | 1,75 |
| | ha cédé | 1,31 | 7,43 | | 37,99 | | |

### 1-2-1-2- Interaction avec l'évolution de la main d'œuvre occasionnelle employée

D'après le tableau 20, on remarque que l'augmentation de la marge nette s'accompagne d'une augmentation de la main d'œuvre employée. L'exploitation AE 21 qui satisfaisait son besoin de travail par le recours à la main d'œuvre familial, a enregistré une augmentation de sa marge nette ainsi qu'une meilleure adaptation face aux changements climatiques tout en ayant recours à la main d'œuvre occasionnelle. D'autres exploitations, NE44, AE52 et NE51, ont enregistré une diminution du nombre de jours de travail, et par conséquent elles réduisent leurs activités au cours de la campagne agricole induisant ainsi une diminution de la marge nette.

On remarque que pour les exploitations dont la marge nette reste stable, certaines exploitations maintiennent pratiquement le même nombre de jours de travail par an alors que d'autres le réduisent.

Au niveau de la basse vallée de la Medjerda, les résultats de la simulation d'introduction de nouvelles techniques d'irrigation dans le contexte du changement climatique dans le modèle agrégé montrent que la main d'œuvre occasionnelle recrutée augmente de 4%. Cette évolution est observée dans les deux périmètres irrigués, elle est de l'ordre de 4.5% dans les anciens PPI et de l'ordre de 3% dans les nouveaux PPI. On peut conclure que l'introduction de nouvelles techniques d'irrigation a un double effet, d'une part elle permet de maintenir les rentabilités des exploitations agricoles et de réduire les conséquences néfastes du changement climatique et d'autre part elle permet de participer au développement rural par l'augmentation de la main d'œuvre employée.

Tableau 20 : Main d'œuvre occasionnelle recrutée (en jour/an) pour le scénario de base et le scénario ( référence + Innovation dans la technique d'irrigation) :

*Exploitation dont la marge nette augmente

| Scénarios | ae14 | ae21 | ae33 | ne34 | ne43 |
|---|---|---|---|---|---|
| Base | 116 | 0 | 224 | 382 | 1167 |
| Référence + changement technique irrigation | 186 | 46 | 275 | 385 | 2160 |

*Exploitation dont la marge nette reste stable

| Scénarios | ne14 | ae24 | ne24 | Ae34 | ne32 | ae43 | ae53 | ae54 | ne54 |
|---|---|---|---|---|---|---|---|---|---|
| Base | | | 267 | | 66 | 1899 | 10215 | 2542 | 1609 |
| Référence + changement technique irrigation | | | 257 | | 65 | 2026 | 9684 | 1828 | 1920 |

*Exploitation dont la marge nette diminue

| Scénarios | ae12 | ae23 | ae41 | ne44 | ae52 | ne51 |
|---|---|---|---|---|---|---|
| Base | 91 | 282 | 1816 | 360 | 3611 | 4059 |
| Référence + changement technique irrigation | 86 | 263 | 1817 | 109 | 3391 | 3886 |

### 1-2-2- Evolution de la marge nette en fonction des systèmes de culture appliqués

D'après la figure 23, on remarque que l'amélioration de la marge nette a touché les exploitations spécialisées dans l'activité céréalière qui représente plus de 45% de leur assolement (Exploitation type 1 dont la marge nette augmente). Ce groupe a en effet le plus investi dans l'introduction des nouvelles techniques d'irrigation. En effet, la conduite en aspersion des cultures céréalières, principalement le blé dur qui représente 85% des cultures céréalières, a augmenté en passant de 4,5 ha à 7 ha. En contre partie, la superficie des cultures d'orge en sec a diminué. Pour les cultures maraîchères, on distingue les cultures hivernales principalement l'artichaut qui représente 75% et les cultures estivales représentées essentiellement par les tomates (Plus de 55%), le melon, la pastèque, le piment et la pomme de terre. La superficie conduite en goutte à goutte a augmenté d'un hectare pour les cultures maraîchères hivernales et estivales. Avec l'introduction des nouvelles techniques d'irrigation, il y a plus de tomate et d'artichaut conduits en goutte à goutte et moins de piment et de pomme de terre conduits en gravitaire. L'investissement dans le goutte à goutte pour irriguer le maraîchage et l'aspersion pour les céréalicultures a permis aux agriculteurs de mieux satisfaire les besoins du blé dur, des tomates et de l'artichaut et ainsi d'augmenter leur rendement. Ces cultures sont plus rentables que les cultures initialement cultivées comme l'orge, le piment et la pomme de terre. L'augmentation de la marge nette suite à l'introduction des nouvelles techniques d'irrigation (en tenant compte des coûts d'entretien et d'amortissement) est beaucoup plus importante pour les exploitations type 1 que pour les exploitations type 2 et 3. Cette augmentation peut s'expliquer par le faite que l'activité de l'arboriculture n'est pas très importante dans l'exploitation type 1 (environ 15% contre 35% dans les exploitations type 3).

Pour les exploitations type 3 (qui sont les unités les plus fragiles et qui ont une faible rentabilité), on remarque que les agriculteurs qui ne sont pas encouragés par l'investissement pour changer le mode d'irrigation tendent à augmenter la pratique en sec des cultures céréalières qui a augmenté de 20%.

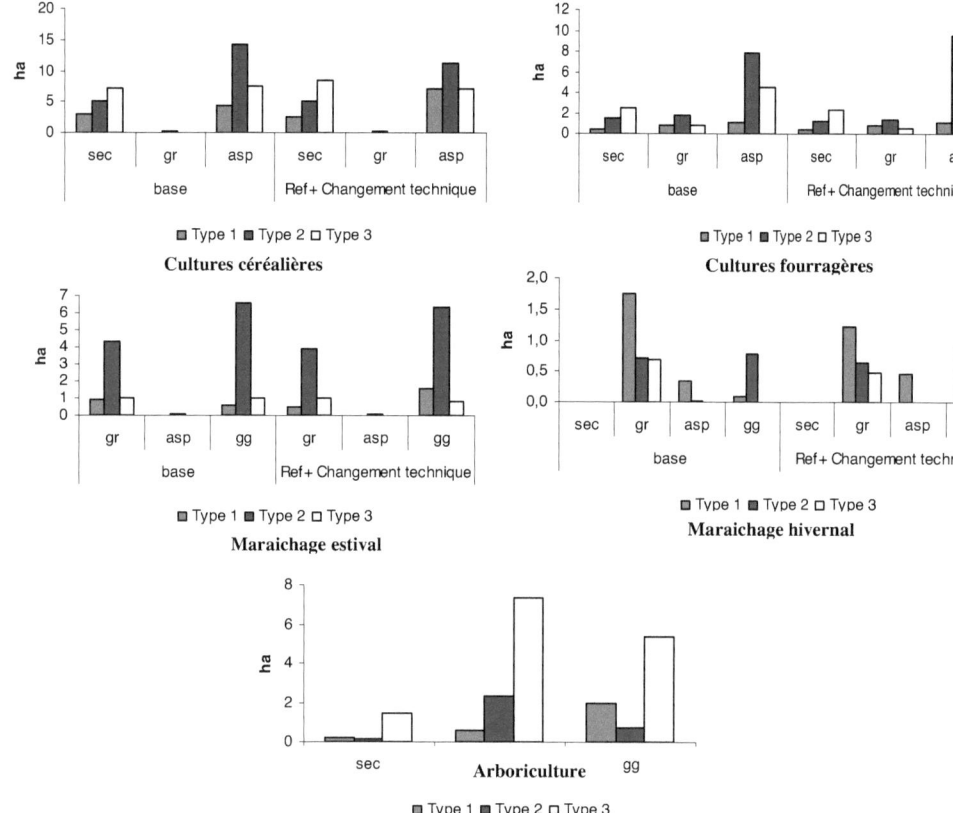

Figure 23 : Evolution de la superficie des cultures selon leur mode de conduite pour le scénario de base et le scénario de référence + Innovation dans le mode d'irrigation

### 1-2-3- Evolution de la salinité du sol

Les résultats du tableau 21 relatifs à l'évolution de la salinité du sol au niveau de la basse vallée de la Medjerda montrent que, indépendamment du type du sol, la salinité ne change pas avec l'application des nouveaux systèmes d'irrigation et de tarification. Cependant, selon le type d'exploitation agricole, on remarque d'après le même tableau que la salinité du sol au niveau des exploitations type 2 est faible, ce qui peut expliquer la stabilité des marges nettes de ces exploitations ; Ceci peut être la conséquence de la diversification des systèmes de culture (céréales, fourrage, maraîchage et arboriculture). Cependant, les valeurs élevées de la salinité dans le sol S8 des exploitations type 1 et S2 des exploitations type 3 respectivement (1,5 dS/m et 4,5 dS/m) semblent être la raison de l'intensification de l'activité de céréaliculture ( 6,5 ha), ce qui représente plus de 60% de l'assolement, pour l'exploitation type 1 et de la mise en place de la monoculture (Arboriculture) pour le cas de l'exploitation type 3.

Tableau 21: Evolution de la salinité en (dS/m) pour les différents types de sol selon les assolements mis en place
* Au niveau de la basse vallée de la Medjerda

|  | s1 | s2 | s3 | s4 | s5 | s6 | s7 | s8 |
|---|---|---|---|---|---|---|---|---|
| Réfrérence | 0,42 | 3,53 | 0,41 | 0,35 | 0,12 | 0,14 | 0,18 | 0,72 |
| Référence + changement technique d'irrigation | 0,56 | 3,53 | 0,40 | 0,31 | 0,19 | 0,16 | 0,30 | 0,77 |

* Par type d'exploitation

|  |  | s1 | s2 | s3 | S4 | s5 | s6 | s7 | s8 |
|---|---|---|---|---|---|---|---|---|---|
| Type 1 | dS/m | 0,56 |  |  | 0,11 | 0,08 |  | 0,22 | 1,47 |
| Céréales | ha |  |  |  | 0,7 | 0,2 |  | 2,2 | 6,5 |
| Fourrage | ha |  |  |  | 0,6 |  |  | 1,6 |  |
| Maraîchage | ha | 0,1 |  |  | 2,0 | 0,6 |  | 0,4 | 1,6 |
| Fruit | ha |  |  |  | 0,2 | 0,6 |  |  | 2,0 |
| Type 2 | dS/m |  | 0,15 | 0,09 | 0,34 | 0,09 | 0,07 | 0,41 | 0,51 |
| Céréales | ha |  | 1,2 | 0,5 | 5,5 |  | 1,4 | 3,2 | 4,7 |
| Fourrage | ha |  | 0,3 |  | 6,1 | 0,4 | 1,5 | 0,9 | 3,0 |
| Maraîchage | ha |  | 0,5 | 0,3 | 9,4 | 0,1 | 0,9 | 0,4 | 0,2 |
| Fruit | ha |  | 0,1 | 0,1 | 2,8 |  | 0,2 |  |  |
| Type 3 | dS/m | 0,56 | 4,49 | 0,79 | 0,52 | 0,59 | 0,37 |  | 0,13 |
| Céréales | ha |  |  | 1,7 | 10,2 |  | 0,6 |  | 3,1 |
| Fourrage | ha | 0,2 |  | 1,8 | 2,5 |  | 0,5 |  | 1,2 |
| Maraîchage | ha |  |  |  | 1,7 | 0,1 | 0,3 |  | 0,3 |
| Fruit | ha | 0,1 | 1 | 3,2 | 9,7 | 0,2 | 0,5 |  |  |

## 1-2-4- Evolution de la consommation d'eau

Les résultats du modèle agrégé (voir tableau 22) montrent que le changement des techniques du mode d'irrigation a permis d'augmenter la superficie des terres conduites en gouttes à gouttes au niveau de la basse vallée de la Medjerda de 71%, et celle des terres conduites en aspersion de 6%. En revanche, les superficies des terres exploitées en sec et en gravitaire ont diminué respectivement de 8% et 18%. Ceci a permis d'augmenter le taux d'intensification de 87% à 90%. Ces nouvelles techniques caractérisées par une efficience plus importante en termes de consommation d'eau, a permis une réduction de la consommation moyenne par hectare irrigué par 50 m$^3$. Le recours aux nouvelles techniques d'irrigation a permis aux exploitants d'améliorer leurs résultats économiques. En effet la valorisation du m$^3$ d'eau est passée de 0,49 Dt/ m$^3$ à 0,54 Dt/ m$^3$.

L'analyse des modèles individuels montre que les exploitations type 1, pour lesquelles la marge nette augmente, le taux d'intensification est passé de 81% à 87% suite à l'augmentation des superficies conduites en gouttes-à-gouttes et la réduction des superficies en sec et en gravitaire. Le modèle a choisi de diminuer la conduite en sec et investir davantage en matériel d'irrigation gouttes-à-gouttes. Cette modification a pour conséquence une légère augmentation de la consommation par hectare en eau et de la valeur de valorisation de l'eau qui est passée de 0,48Dt/ m3 à 0,54Dt/ m3. En ce qui concerne les exploitations type 2 et type 3, on remarque clairement que les agriculteurs ont maintenu les mêmes superficies des terres conduites en aspersion et en goutte à goutte et par conséquent le même taux d'intensification. En revanche la valeur de valorisation de l'eau a légèrement augmenté. De plus, pour les exploitations type 3, on remarque que les terres exploitées en sec représentent la part la plus importante (plus que 13 ha).

L'augmentation de l'investissement en matériel d'économie d'eau semble être beaucoup plus avantageuse que conduire une part importante de l'exploitation en sec.

Tableau 22 : Evolution de la quantité d'eau utilisée entre le scénario de référence et le scénario référence + changement technique d'irrigation

*Au niveau de la basse vallée de la Medjerda

|  | Sec | Gravitaire | Aspersion | Goutte à goutte | Taux d'intensification | Eau/ha | Valorisation de l'eau | Taux d'utilisation |
|---|---|---|---|---|---|---|---|---|
|  | ha | ha | ha | ha | % | m3/ha | Dt/m3 | % |
| S. Référence + Changement technique d'irrigation | 7172 | 11880 | 9698 | 6673 | 90,06 | 3250 | 0,54 | 0,44 |
| S. référence | 7756 | 14450 | 9145 | 3886 | 87,61 | 3300 | 0,49 | 0,45 |

* Par type d'exploitation

| | | Sec | Gravitaire | Aspersion | Goutte à goutte | Taux d'intensification | Eau/ha | Valorisation de l'eau |
|---|---|---|---|---|---|---|---|---|
| | | ha | ha | Ha | Ha | % | m3/ha | Dt/m3 |
| Type 1 | S. Référence + Changement technique d'irrigation | 3,3 | 3,2 | 8,6 | 4,5 | 87,4 | 3086 | 0,54 |
| | S. référence | 3,5 | 4,1 | 8,7 | 2,7 | 81,5 | 3022 | 0,48 |
| Type 2 | S. Référence + Changement technique d'irrigation | 6,5 | 8,4 | 21,0 | 7,9 | 94,5 | 3206 | 0,52 |
| | S. référence | 7,1 | 9,5 | 21,6 | 7,9 | 94,5 | 3257 | 0,49 |
| Type 3 | S. Référence + Changement technique d'irrigation | 13,3 | 9,3 | 10,4 | 6,3 | 81,4 | 2307 | 0,59 |
| | S. référence | 15,9 | 9,8 | 10,4 | 6,2 | 82,1 | 2456 | 0,55 |

### 1-3- Simulation de l'utilisation de la formule tarifaire d'achat d'eau H2B

Dans cette partie, on va analyser l'impact de l'utilisation de la formule tarifaire établie selon l'hypothèse de la couverture des charges d'exploitation tout en limitant l'accroissement des frais d'entretien et de gestion au double de ceux de H1 ; les provisions pour le renouvellement sont alors ajoutées. Il s'agit de l'hypothèse 2 (H2). Les pouvoirs ont proposé d'appliquer cette tarification à moyen terme, donc dans ce scénario on va simuler son application et voir son impact sur le système étudié. Le scénario prévoit une comparaison entre le prix d'achat actuel et un prix d'achat qui inclut les charges de structure du matériel et le coût d'amortissement. Les résultats des simulations présentés sous forme de marge nette tiennent compte des charges d'entretien et d'amortissement des immobilisations. Les objectifs recherchés par leur instauration se résument à une meilleure couverture des charges d'exploitation de la ressource en eau et à inciter les exploitants à irriguer davantage tout en valorisant au mieux la ressource par l'émergence de systèmes de production plus intensifs et par l'utilisation de plus en plus des systèmes de micro-irrigation plus économes en eau. On essaye donc de vérifier grâce à notre modèle bioéconomique, le degré de réalisation de ces objectifs.

L'analyse des résultats de la simulation « formule tarifaire H2B » présentés dans le tableau 23 montre que par rapport à la tarification H1B, l'impact de la tarification binôme H2B est plus paradoxal puisque la demande annuelle en eau croit au même titre que le prix moyen de l'eau. bien que le système étudié ne s'influence pas par les changements de prix. En effet, tous les indicateurs (marge nette, superficie des grandes cultures, des cultures maraîchères, cultures fourragères, systèmes d'irrigation employés et consommation d'eau par hectare irrigué) sont maintenus stables.

Tableau 23 : Evolution des différents indicateurs pour les deux formules tarifaires H1B et H2B (Cas du scénario changement des techniques d'irrigation)

|  | Marge nette | Grandes cultures | Cultures Fourragères | Cultures maraîchères | Ha sec | Ha en grav | Ha en asp | Ha en gg | Eau /ha |
|---|---|---|---|---|---|---|---|---|---|
| Evolution en % | 0,3 | 0,2 | -0,4 | 0,6 | -0,2 | -0,2 | 0,1 | 1 | 0,2 |

Grav : Gravitaire, asp : aspersion, gg : gouttes à gouttes

D'autre part, la figure 24 relative à l'évolution de la marge nette suite à l'application de la formule tarifaire H2B pour le scénario « référence + changement de technique d'irrigation » , montre bien que la majorité des exploitations ne sont pas influencées par la nouvelle formule tarifaire pour le payement de l'eau; Cependant, il existe des exploitations qui arrivent à améliorer leurs revenus économiques suite à l'application de la formule tarifaire H2B : c'est le cas des exploitations AE54 et NE54 et des exploitations dont la marge nette diminue c'est le cas de l'exploitation A41.

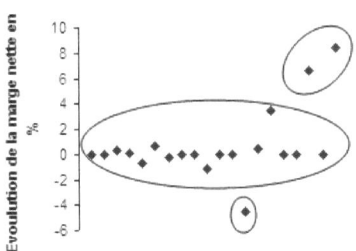

Figure 24 : Evolution de la marge nette pour chaque exploitation entre le scénario référence + Innovation dans le mode d'irrigation avec formule tarifaire H1B etH2B

En termes de mise en valeur, la formule H2B permet de réaliser presque le même plan d'assolement que la tarification H1B. Pour les trois exploitations dont la marge nette varie, la nouvelle formule H2B incite sensiblement à l'extension des superficies allouées aux cultures maraîchères (+ de 15 %) pour les exploitations dont la marge nette augmente, malgré d'une diminution de la superficie allouée aux cultures maraîchères (- 25%) pour l'exploitation AE41 (tableau 24). Le choix des agriculteurs AE54 et NE54 d'augmenter la superficie des cultures maraîchères hivernales principalement l'artichaut conduit en goutte à goutte est liée au fait que la demande hivernale est moins sensible que la demande estivale malgré qu'en passant de la formule H1B à la formule H2B la variation du prix de terme fixe (ou de volumes en franchise) est plus élevée que celle du prix de terme variable quelque soit la catégorie de périmètres. Autrement dit, l'élasticité-prix de la demande d'eau en hiver est plus faible que celle en été. Cette situation est expliquée par la structure de la tarification binôme et plus particulièrement par l'obligation de consommer l'eau pendant l'hiver véhiculée par son terme fixe quelque soit le niveau des prix affecté au volume en franchise. L'agriculteur de l'exploitation NE 54 préfère allouer plus de superficie aux cultures céréalières généralement moins consommatrices d'eau lorsqu'elles sont conduites en irrigué, qu'aux cultures fourragères et maraîchères. En plus, les cultures céréalières sont les plus indépendantes de l'irrigation dès lors qu'elles peuvent être conduites en régime pluvial (en sec) par opposition aux autres cultures.

Tableau 24 : Evolution de systèmes de culture mis en place dans les exploitations AE41, NE54 et AE54 pour les deux formules tarifaires H1B et H2B (Cas du scénario changement des techniques d'irrigation)

|  | ae41 | ae54 | ne54 |
|---|---|---|---|
| Grande cultures | - | - | 12 |
| Maraîchage | -25 | 15 | 39 |
| Cultures fourragères | - | - | 1,4 |

## 2- Conclusion

La simulation de la mise en place de nouvelles techniques d'irrigation (Goutte à goutte pour les cultures maraîchères et aspersion pour les cultures céréalières et fourragères) qui présentent des meilleurs efficiences en termes de consommation d'eau ont permis d'améliorer les rendements et de réduire la vulnérabilité des exploitations. En effet, 25% des exploitations ont réalisé une augmentation de leurs marges nettes par rapport à la situation sans changement de technique d'irrigation ; Les agriculteurs de ces exploitations disposent de moyen pour acheter les nouveaux matériaux d'irrigation et pour agrandir les superficies exploitées en ayant recours à la location des terres. D'autre part, 45% des exploitations ont maintenu leurs revenus. Ces dernières ont préféré céder leurs terres fautes de moyens financiers pour l'achat de nouveaux matériels d'irrigation. En terme de système de culture mis en place, il est important de signaler que l'amélioration des résultats économiques des exploitations a touché celles qui sont spécialisées dans l'activité céréalière qui représente plus de 45% de leur assolement suite à l'investissement dans l'introduction des nouvelles techniques d'irrigation: L'aspersion pour les cultures céréalières, principalement le blé dure et le système d'irrigation goutte à goutte pour les cultures maraîchères hivernales ( Artichaut) et estivales (Tomate).

En ce qui concerne l'évolution de la main d'œuvre employée, les résultats de la simulation montrent que l'amélioration de la dynamique de l'activité agricole au sein de la Basse Vallée de la Medjerda se répercute sur le nombre de main d'œuvre employée qui augmente de 4% sachant que cette valeur est restée stable pour la simulation du scénario référence relatif à l'introduction des impacts du changement climatique. Cette évolution aboutit à un meilleur équilibre socio économique au niveau de la région et permet une meilleure adaptation face aux effets des changements climatiques.

Pour les résultats environnementaux, l'introduction des nouvelles techniques d'irrigation n'a pas montré de changements significatifs pour la salinité des différents types de sol. Les valeurs de la salinité des sols sont restées identiques à celles du scénario référence. De plus, les résultats ont montré que la salinité du sol est en corrélation avec les systèmes de cultures employées. Plus il y a une diversification des systèmes de cultures dans le sol, plus la salinité est faible. La monoculture a un effet négatif sur la qualité du sol et augmente sa salinité.

Le changement des techniques du mode d'irrigation a permis d'augmenter la superficie des terres conduites en goutte à goutte au niveau de la basse vallée de la Medjerda de 71%, et celle des terres conduites en aspersion de 6%. En revanche, la superficie des terres exploitées en sec et en gravitaire a diminué respectivement 8% et de 18%. Par conséquent, le taux d'intensification est passé de 87% à 90% et la valorisation du $m^3$ d'eau est passée de 0,49 Dt/ $m^3$ à 0,54 Dt/ $m^3$.

Dans le même exercice, la simulation de l'application de la nouvelle formule tarifaire H2B établie selon l'hypothèse de la couverture des charges d'exploitation tout en limitant l'accroissement des frais d'entretien et de gestion au double de ceux de H1 et qui sera appliquée à moyen terme a montré que la majorité des exploitations assureront les mêmes résultats économiques ; Les assolements, la technicité d'irrigation et les systèmes de cultures appliqués restent les mêmes. Cependant, paradoxalement à ce qui est prévu, certaines exploitations arrivent à améliorer leurs résultats économiques en augmentant la superficie des cultures maraîchères hivernales principalement l'artichaut conduit en goutte à goutte. Ce choix est liée au fait que la demande hivernale est moins sensible que la demande estivale malgré qu'en passant de la formule H1B à la formule H2B la variation du prix de terme fixe (ou de volumes en franchise) est plus élevée que celle du prix de terme variable et par l'allocation de plus de superficie aux cultures céréalières (blé dure et orge) généralement moins consommatrices d'eau lorsqu'elles sont conduites en irrigué, qu'aux cultures fourragères et maraîchères.

## Conclusion générale

L'évaluation de l'impact du changement climatique sur la durabilité des systèmes de production dans les anciens et les nouveaux PPI de la basse vallée de Medjerda a montré que les exploitations se comportent différemment face aux incertitudes climatiques. Les exploitations qui arrivent à maintenir leurs marges nettes sans modifier leurs mode de fonctionnement actuels (Plan de production agricole, Echange de terre) sont celles caractérisées par des systèmes de culture diversifiés, basés essentiellement sur les grandes cultures, les cultures fourragères et le maraîchage. Par contre, les exploitations spécialisées en arboriculture sont les plus sensibles face aux changements climatiques.

Au niveau de la région la marge nette globale au niveau de la basse vallée de la Medjerda diminue de 8%. La simulation de la mise en place de nouvelles techniques d'irrigation (Goutte à goutte pour les cultures maraîchères et aspersion pour les cultures céréalières et fourragères), qui présentent des meilleures efficiences en termes de consommation d'eau, ont permis d'améliorer les rendements et de réduire la vulnérabilité des exploitations. En effet, 25% des exploitations ont enregistrées une augmentation de leurs marges nettes par rapport à la situation sans changement de technique d'irrigation ; D'autre part, 45% des exploitations ont maintenu leurs revenus. Il est important de signaler que l'amélioration des résultats économiques des exploitations a touché celles qui sont spécialisées dans l'activité céréalière qui représente plus de 45% de leur assolement suite à l'introduction des nouvelles techniques d'irrigation: L'aspersion pour les cultures céréalières, principalement le blé dure et le système d'irrigation goutte à goutte pour les cultures maraîchères hivernales ( Artichaut) et estivales (Tomate).

En ce qui concerne l'évolution de la main d'œuvre employée, les résultats de la simulation de l'introduction des impacts du changement climatique sur le système étudiée n'ont pas montré de modification dans l'échange de la main d'œuvre. Cependant, suite ave les nouvelles techniques d'irrigation, les résultats montrent une amélioration de la dynamique de l'activité agricole au sein de la Basse Vallée de la Medjerda. En effet, le nombre de main d'œuvre employée a augmenté de 4%. Cette évolution aboutit à un meilleur équilibre socio économique au niveau de la région et permet une meilleure adaptation face aux effets des changements climatiques.

Pour les résultats environnementaux, les effets du changement climatique, notamment l'augmentation de la salinité de l'eau, ont un effet sur la salinité du sol qui augmente considérablement dans les sols dans lesquels se pratique l'arboriculture en grande proportion. Cependant, la diversification des systèmes de cultures, pour certaines exploitations est à l'origine de la stabilisation de la salinité des sols. L'introduction des nouvelles techniques d'irrigation n'a pas montré des changements significatifs pour la salinité des différents types de sol. Les valeurs de la salinité des sols sont restées identiques à celles du scénario de référence. De plus, les résultats ont montré que la salinité du sol est en corrélation avec les systèmes de cultures employées. Plus il y a une diversification des systèmes de cultures au niveau de l'exploitation, plus la salinité est faible. La monoculture a un effet négatif sur la qualité du sol et augmente sa salinité. D'autre part, avec le scénario « introduction des effets du changement climatique », la consommation de l'eau par hectare a enregistré une augmentation proportionnelle à l'évolution des nouveaux besoins des cultures en eau. Cependant, malgré une augmentation de 11% de la consommation globale, l'eau n'était pas un facteur limitant dans la basse vallée de la Medjerda ; son taux d'utilisation atteint seulement 50% (par rapport au potentialité de la région) avec le scénario de référence. Avec l'introduction des nouvelles techniques d'irrigation, le taux d'intensification est passé de 87% à 90% et la valorisation du $m^3$ d'eau est passée de 0,49 Dt/ $m^3$ à 0,54 Dt/ $m^3$.

En ce qui concerne la simulation de l'application de la nouvelle formule tarifaire H2B (établie selon l'hypothèse de la couverture des charges d'exploitation tout en limitant l'accroissement des frais d'entretien et de gestion au double de ceux de H1 et qui sera appliquée à moyen terme a montré que la majorité des exploitations assureront les mêmes résultats économiques). Les résultats ont montré que les assolements, la technique d'irrigation et les systèmes de cultures appliqués sont resté les mêmes. De plus, certaines exploitations arrivent à améliorer leurs résultats économiques en augmentant la superficie des cultures maraîchères hivernales, principalement l'artichaut conduit en goutte à goutte.

Enfin, il faut signaler que durant ce travail qui consiste à analyser les impacts du changement climatique sur les systèmes de production de la basse vallée de Medjerda certaines limites méthodologiques sont à noter. Dans ce cadre, dans le modèle bioéconomique nous avons considéré que l'évapotranspiration et salinité de l'eau pour représenter l'effet du changement climatique. D'autres facteurs tels que l'augmentation du taux de $CO_2$ et la variabilité temporelle de la pluviométrie ont des effets considérables sur les rendements des cultures et la salinité du sol et par conséquent sur la rentabilité des exploitations agricoles. Les résultats de ce travail présentent surtout les grandes tendances de l'évolution des systèmes de production dans la basse vallée de Medjerda suite aux effets du changement climatique ; Cependant, ce travail à permis de bien présenter quelques pistes qui peuvent être utilisé par les décideurs politiques pour faire face aux incertitudes climatiques.

# Références Bibliographiques

Abbas, K. 2004. Analyse de la relation agriculture-environnent: une approche bio-économique. Thèse de doctorat. [Analysis of the relationship between agriculture and the environment: a bio-economic approach]. Université de Montpellier I. 277p.

Agoumi, A. 2003. Vulnérabilité des pays du Maghreb face aux changements climatiques Besoin réel et urgent d'une stratégie d'adaptation et de moyens pour sa mise en œuvre, Maroc. 14 p

Anphoux, M., Jaouen, G., L'Hopital, A., Palletier, V. 2003. Les impacts du changement climatique sur l'agriculture en Europe et aux Etats Unis. Atelier Changement Climatique ENPC-Département VET. [En ligne]. [Consulté en Octobre 2009].
http://www.enpc.fr/fr/formations/ecole_virt/trav-eleves/cc/cc0203/agri/rapport2.htm

Arrus, R., Rousset, N. 2006. L'agriculture du Maghreb au défi du changement climatique : quelles stratégies d'adaptation face à la raréfaction des ressources hydriques ? *Communication à WATMED 3, 3ème conférence internationale sur les Ressources en Eau dans le Bassin Méditerranéen*, Tripoli (Liban).8 p.

Centre d'Information sur l'Energie Durable et l'Environnement (CIEDE). 2003. Guide d'information sur les changements climatiques. 55 p.

Baethgen, J.W. ; Hansen, A.V.M.; Ines, A.M.; Goddard, L. 2009. Exploring options to improve adaptation to climate change in crop production of south eastern South America. *AsSAP conference 2009, Egmond aan Zee, The Netherlands*.

Belhouchette H., Louhichi K., Therond 0., Wery J., Flichman G. 2009. A crop-farm-indicators modelling chain to assess farmer's decision in response to socio-economic scenarios. *AgSAP Conference 2009, Egmond- aan Zee, the Netherlands*.

Boote, K.J., Jones, J.W., Hoogenboom, G., Rosenwieg, C. 2009. Pre-requisites for crop models used to test strategies for adapting to, or mitigating effects of climate change. *AsSAP conference 2009, Egmond aan Zee, The Netherlands*.

Bzioui, M. 2005. Rapport sous Régional sur la Mise en Valeur des Ressources en Eau en Afrique du Nord. 88 p.

Charef, A. 2008. Déréglement climatique, complication majeure dans la gestion de l'eau. Afkar n°20 Hiver 2008-2009. 30-34.

Choisnel, E. 1999. Changements climatiques et cycle de l'eau : Evolutions possibles et incertitudes, Comptes rendus de l'académie d'agriculture de France, n°4 : 21-31.

Cline. William, R. 2007. Global Warming and Agriculture: Impact Estimates by Country (Washington: Center for Global Development and Peterson Institute for International Economics).

Crespo, O., Hachigonta, S., Tadross, M. 2009. Sensitivity of southern African maize yields to the definition of onset under conditions of climate change. *AsSAP conference 2009, Egmond aan Zee, The Netherlands*.

Dray, A.; Asseng, S.; Perez, P.; Charles, S.P.; Bates, B. 2009. Simkat: A virtual Laboratory to explore the impact of climate change scenarios on the western Australian Wheat-belt. *AsSAP conference 2009, Egmond aan Zee, The Netherlands*.

Delecolle R., Soussana J.F., Legros J.P. Impacts attendus des changements climatiques sur l'agriculture française. Comptes rendus de l'académie d'agriculture de France, n°4. 45-5.1

Domergue, M., Legave, J.M., Calleja, M., Moutier, N., Brisson N., Seguin, B. 2004. Arboriculture fruitière, 578, 27-33.

Easterling, W. E., P. K. Aggarwal, P. Batima, K. M. Brander, L. Erda, S. M. Howden, A. Kirilenko, J., Morton, J.-F., Soussana, J., Tubiello, F.N. 2007. Food, fibre and forest products. In Climate Change 2007: Impacts, Adaptation and Vulnerability. *Contribution of Working Group II to the Fourth Assessment Report of the Intergovernmental Panel on Climate Change*. Cambridge University Press. p 273-313.

European Environment Agency, 2007. Impacts of Europe changing climate. An indicator-based assessment. EEArep2/2004. 107 p

F.A.O., 1985. Water Quality for Agriculture. FAO, Rome, vol. 29, rev. 1

Fujihara, Y., Tnaka, K., Wtanabe, T., Nagano, T., Kojiri, T. 2008 Assessing the impacts of climate change on water resources of Sehan river Basin in Turkey: Use of dynamically dawnscaled for hydrologic simulations. Journal of Hydrology. Vol 353. 33-48.

Ganichot, B. 2002. Actes des 6èmes Rencontres Rhodaniennes. Institut Rhodanien. Orange, France 2002, 38-41

GIEC. 2007 : Bilan 2007 des changements climatiques. Contribution des Groupes de travail I, II et III au quatrième Rapport d'évaluation du Groupe d'experts intergouvernemental sur l'évolution du climat [Équipe de rédaction principale, Pachauri R.K. et Reisinger A, et al]. GIEC, Genève, Suisse, ... , 103 p.

GTZ. Ministère d'Agriculture et des ressources hydrauliques (MARH). 2007. Développement d'une stratégie d'adaptation aux changements climatiques dans le secteur agricole tunisien, Tunisie. 2 p.

GTZ. Ministère d'Agriculture et des ressources hydrauliques (MARH). 2007. Stratégie nationale d'adaptation de l'agriculture tunisienne et des écosystèmes aux changements climatiques, Tunisie. 28 p.

Hallegatte, S. *2005*. The long time scales in Climate-Economy feedback and the climate cost of growth . *Environmental Modelling and Assessment* 10 (4), 277-289.

Hallegate S., Somot S., Nassopoulos H. Paris : IPEMed, 2009. Région méditerranéenne et changement climatique : une nécessaire anticipation. Construire la Méditerranée. 63 p. [En ligne]. [Consulté en Octobre 2009].
http://www.ipemed.coop/IMG/pdf/IPEMED_CM1_Climat_Hallegatte_oct09.pdf

Hay, L.E., Clark, M.P., 2003. Use of statistically and dynamically downscaled atmospheric model output for hydrologic simulations in three mountainous basins in the western United States. In:

Fujihara, Y.; Tnaka, K. ; Wtanabe, T. ; Nagano, T.; Kojiri, T.. 2008 *Assessing the impacts of climate change on water resources of sehan river Basin in Turkey: Use of dynamically dawnscaled for hydrologic simulations*. Journal of Hydrology. Vol. 353. 33-48.

Hay, L.E., Clark, M.P., Wilby, R.L., Gutowski, W.J., Leavesley, G.H., Pan, Z., Arritt, R.W., Takle, E.S., 2002. Use of regional climate model output for hydrologic simulations. In: Fujihara, Y.; Tnaka,

K. ; Wtanabe, T. ; Nagano, T.; Kojiri, T. 2008. *Assessing the impacts of climate change on water resources of sehan river Basin in Turkey: Use of dynamically dawnscaled for hydrologic simulations.* Journal of Hydrology. Vol. 353. 33-48.

Iglesias, A., Minguez, M.I. 1997. Modelling crop climate interactions in Spain: Vulnerability anad adaptation of different agricultural systems to climate change. Mitigation and adapation strategies for global change. n°1. 273-288.

Iglesias A., Avis K., Benzie M., Fisher P., Harley M., Hodgson N., Moneo M., Webb J. Oxford : AEA Energy & Environment, 2007. Adaptation to climate change int the agricultural sector. 245 p. [En ligne]. [Consulté en Octobre 2009].
http://ec.europa.eu/agriculture/analysis/external/climate/final_en.pdf

Iglesias, A. 2008. Changement climatique en région méditerranéenne : Aspects physiques et effets sur l'agriculture en région méditerranéenne. Thèmes généraux méditerranée. La lettre de medias. n°13. 31-32. [En ligne] [Consulté en Octobre 2009]. http://mediasfrance.org/Reseau/Lettre/13/fr/iglesias.pdf

IPCC (Intergovernmental Panel on Climate Change), GIEC/IPCC Bilan 2007 des changements climatiques : impacts, adaptation et vulnérabilité. [En ligne]. [Consulté en Octobre 2009]. www.effet-de-serre.gouv.fr/groupe_de_travail_ii_du_giec___2007.

Kan, I., Kimhi, A., Shraberman K. 2009. Impact assessement of cimate cange on agiculture: Econometric process analysis under partial equilibrium. *AsSAP conference 2009, Egmond aan Zee, The Netherlands.*

Kelkar, U., Kumar Narula, K., Prakash Sharma, V., Chandna, U. 2008. Vulnerability and adaptation to climate variability and water stress in Uttarakhand State, India. Global environmental change. Vol. 18. 564-574.

Lahlou, M. 2008. Le droit d'accès à l'eau : Considéré un droit humain fondamental, l'accès à l'eau doit se faire indépendamment de toute considération, y compris d'ordre financier. Afkar n °20 Hiver 2008-2009. 14-16

Lieffering, M. et Newton, P. 2009. Modelling the costs of climate change on grazing systems. *AsSAP conference 2009, Egmond aan Zee, The Netherlands.*
Mall, P.K.; Lal, M.; Bhatia, V.S.; Rathore, L.S.; Singh, R. 2004. Mitigating climate change impact on soybean productivity in India: a simulation study. Agricultural and Forest Meteorology. Vol. 121. 113-125.

Matthews, R.B., Kropff, M.J., Horie, T., Bachelet, B. 1997. Simulating the impact of climate change on rice production in Asia and evaluating options for adaptation. Agricultural Systems. Vol. 54. 339–425.

Ministère d'Agriculture et des ressources hydrauliques(MARH) et coopération technique allemande (GTZ). 2007. Plan d'action de Tunis pour l'adaptation aux changements climatiques en Afrique et dans la région Méditerranéenne, dans un cadre de solidarité internationale. *Conférence de Solidarité Internationale pour des Stratégies Face au Changement Climatique dans les Régions Africaine et Méditerranéenne*, Tunis. 9 p.

Ministère d'Agriculture et des ressources hydrauliques(MARH), DGETH, kreditanstalt Für Wiederaufbau (KfW) et AHT international, 1998. « Projet Hydro-Agricole Kalaat et Andalous- Ras Djebel. Etude de la qualité des eaux », Rapport ASP définitif – Rapport principal, 136 p.

Observatoire National sur les Effets du Réchauffement Climatique(ONERC),2005. Un climat à la dérive, comment s'adapter ? Rapport au Premier ministre et au Parlement. La documentation française. [En ligne]. [Consulté en Octobre 2009].
http://www.onerc.org/presentationScenario.jsf

OCDE. 2008. Economic aspects of adaptation to climate change: An assessment of costs, benefits, and Policy instruments. Working Party on Global and Structural Policies. p.78.

Ortiz, R.; Sayre, K.D.; Govaerts, B.; Gupta, R.; Subbarao, G.V.; Ban, T.; Hodson, D.; Dixon, J.M.; Ortiz-Monasterio, I.; Reynolds, M. 2008. Climate change: can wheat beat the heat? Agriculture, Ecosystems & Environment. Vol. 126. 46-58.

Outlam, T.G. Engleman, R. 1998. Action pour la population Interanational. L'eau et populations reports. V 26. N° 1 septembre 1998.

Palutikof, J.P., Wigley, T.M. 1996. Developing climate change scenarios for the Mediterranean Region. In: Jeftic l., Keskes S. and Pernetta J.C. (Eds). Climate Change in the Mediterranean. London, Edward Arnold, Vol. 2. 27-55.

Pera, J.M.; Serra, M.C.; Brito, J.; Maia Alves, A.M.. 2004. Reliability of Microwave Photoconductivity Lifetime Measurements. 250p .

Perrier, A. 1999. Impacts prévisibles des changements climatiques sur les ressources en eau et en sol et sur les activités agricoles. Comptes rendus de l'académie d'agriculture de France, n°4 . 3-13

Plan Bleu, 2009. L'agriculture méditerranéenne en recherche d'adaptation climatique. Les notes du plan bleu. Environnement et développement en méditerranée. n°12. p.4.

Préfecture de région Languedoc-Roussillon,2008. Etude sur le changement climatique en Languedoc-Roussillon. Quelles conséquences économiques et sociale. (Étude sur le changement climatique en Languedoc-Roussillon). 149p.

PNUD, 2006. Un partenariat mondial pour le développement. Programme des Nations Unies
pour le développement. Rapport annuel 2006.

Reynauds, A. 2008. Adaptation à court et à long terme de l'agriculture au risque de sécheresse: Une approche par couplage de modèles biophysiques et économiques. Revue d'étude en agriculture et environnement. p.34

Robert, M. Stengel, P. 1999. Sols et agriculture : ressource en sol, qualité et processus de dégradation. Une prospective mondiale, européenne et française. Cahiers Agricultures, vol. 8, n° 4, 301-308

Robert, M. 1999. Impacts des changements climatiques sur l'évolution des sols et conséquences sur le bilan hydrique Michel Robert . Comptes rendus de l'académie d'agriculture de France, n°4 : 35-44.

Seguin, B., Domergue, M., Garcia de Cortazar, I., Brisson, N., Ripoche, D. 2004. Lettre pigb-pmrc France Changement global. 16, 50-54.

Soussana, JF., Graux, AI., Cantarel, A., Pilon , R., Bloor, J. 2006. Impacts prévisibles du changement climatique à l'échelle régionale : Exemple des prairies et de l'élevage herbager. Revue d'Auvergne.

Southworth, J., Randopph, J.C., Habeck, M., Doering, O.C., Pfeifer, R.A., Rao, D.G., Johnston, J.J. 2000. Consequences of future climate change and changing climate variability on maize yields in Midwestern United States. Agriculture, Ecosystems & Environment. Vol. 82. 139-158.

Stern, N. 2006. Rapport Stern sur les conséquences du déréglement climatique. IS@DD Information sur le développement durable.[En ligne]. [Consulté en Octobre 2009]. http://cms.unige.ch/isdd/spip.php?article165

Stockle, C.O., Martin, S.A. Campbell, G.S. 1994. CropSyst, a cropping simulation model: water/nitrogen budgets and crop yield. Agricultural Systems 46, 335-359.

Stockle, C.O., Donatelli, M., Nelson , R. 2003. CropSyst, a cropping systems simulation model. Europ. J. Agronomy (18). 289-307.

Strauss, F. ; Schmid, E. ; Moltchanova, E. 2009. Simultation of climate scenarios and the bio-economic assessement of different agricultural management systems in the Marchfeld region. *AgSAP Conference 2009, Egmond- aan Zee, the Netherlands*.

Trnka, M.; Dubrovsky, M. ; Zalud, Z.; 2004. Climate change impacts and adaptation strategies in spring barley production in the Czech Republic. Climatic Change . Vol. 64. 227-255.

Tnaka, K. ; Wtanabe, T. ; Nagano, T.; Kojiri, T. 2008. Assessing the impacts of climate change on water resources of sehan river Basin in Turkey: Use of dynamically dawnscaled for hydrologic simulations. Journal of Hydrology. Vol. 353. 33-48.

Vidal, J., Chollet, R. 1997. Regulatory phosphorylation of C4 PEP carboxylase. Trends Plant Sci 2: 230-237

Wei, X., Declan, C., Erda, L., Hui, J., Jinhe, J. ,Ian, H., Yan, L. 2009. Future cereal production in china: The interaction of climate change, water availability and socio-economic scenarios. Global environmental Change. Vol 19. 34-44.

Wilby, R.L., Hay, L.E., Gutowski, W.J., Arritt, R.W., Takle, E.S., Pan, Z., Leavesley, G.H., Clark, M.P., 2000. Hydrological responses to dynamically and statistically downscaled climate model output. In: Fujihara, Y., Tnaka, K., Wtanabe, T., Nagano, T., Kojiri, T. 2008. Assessing the impacts of climate change on water resources of sehan river Basin in Turkey: Use of dynamically dawnscaled for hydrologic simulations. Journal of Hydrology. Vol. 353. 33-48.

Wood, A.W., Leung, L.R., Sridhar, V., Lettenmaier, D.P., 2004. Hydrologic implications of dynamical and statistical approaches to downscaling climate model outputs. In: Fujihara, Y., Tnaka, K., Wtanabe, T., Nagano, T., Kojiri, T. 2008. Assessing the impacts of climate change on water resources of sehan river Basin in Turkey: Use of dynamically dawnscaled for hydrologic simulations. Journal of Hydrology. Vol. 353. 33-48.

## Liste des Tableaux :

**Tableau 1** : Structure des différentes tarifications binômes ............................ 16
**Tableau 2** : Données climatiques enregistrées dans le périmètre public irrigué (1980-2002). ................................................................................................ 20
**Tableau 3** : Les caractéristiques des différentes classes du sol ………..…………… 21
**Tableau 4** : Importance de la salinité de l'eau dans le tronçon « Barrage Laroussia-Kalaat Landalous/Ras Djebel » ………………………………………………... 23
**Tableau 5** : Estimation des baisses de rendement dues à la salinité d'eau d'irrigation (en %)………………………………………..…………………………… 24
**Tableau 6** : Durée d'irrigation (en année) pour atteindre le seuil critique pour atteindre le seuil critique en teneur en sel de 4 ds/m…………………………………. 24
**Tableau 7** : La répartition de l'occupation du sol……………………………………... 32
**Tableau 8** : Quelques exemples de rendement par type d'activité simulée par cropsyst…………………………………………………………………………………. 42
**Tableau 9** : Evolution du nombre d'hectares loués ou cédés en hectare pour quelques exploitations entre le scénario de base et le scénario de référence………… 47
**Tableau 10** : Evolution du nombre d'hectares loués ou cédés pour les exploitations classe 2 et classe 3 entre le scénario de base et le scénario de référence…………….. 47
**Tableau 11**: Evolution du nombre UZB, de la production de lait et de la recette totale pour les différents catégories d'exploitations entre le scénario de base et le scénario de référence…………………………………………………………………... 51
**Tableau 12** : Evolution de la quantité d'eau consommée en $m^3$/ ha, du taux d'intensification et du système de conduite pour les exploitations NE34 entre le scénario de base et le scénario de référence……………………………………………. 51
**Tableau 13** : Evolution de la quantité d'eau consommée/ ha, du taux d'intensification et du système de conduite pour les exploitations à marge nette constante et à foncier terre stable entre le scénario de base et le scénario de référence …………………………………………………………………………………….. 52
**Tableau 14** : Evolution de la quantité d'eau consommée/ ha, du taux d'intensification et du système de conduite pour les exploitations à marge nette constante et à foncier terre variable entre le scénario de base et le scénario de référence…………………………………………………………………………………. 52
**Tableau 15** : Evolution de la quantité d'eau consommée/ ha, du taux d'intensification et du système de conduite pour les exploitations dont la marge nette diminue entre le scénario de base et le scénario de référence ………………….. 53
**Tableau 16** : Evolution de la quantité d'eau consommée/ ha, du taux d'intensification, du taux d'utilisation d'eau et du système de conduite (en irrigué ou en sec) dans la BVM, anciens et nouveaux PPI …………………………………….. 56
**Tableau 17** : Evolution de la salinité en (dS/m) pour les différents types de sol selon les assolement mis en place ……………………………………………………. 56
**Tableau 18** : Evolution de la marge nette entre le scénario de base et le scénario ( référence + Innovation dans la technique d'irrigation) ………………………………. 59

**Tableau 19** : Echange de terre entre le scénario de base et le scénario ( référence + Innovation dans la technique d'irrigation) …………………………………………….. 60

**Tableau 20** : Main d'œuvre occasionnelle recrutée (en jour/an) pour le scénario de base et le scénario (référence + Innovation dans la technique d'irrigation) ……….. 61

**Tableau 21** : Evolution de la salinité en (dS/m) pour les différents types de sol selon les assolements mis en place…………………………………………………… 63

**Tableau 22** : Evolution de la quantité d'eau utilisée entre le scénario de référence et le scénario référence + changement technique d'irrigation……………...………… 64

**Tableau 23**: Evolution des différents indicateurs pour les deux formules tarifaires H1B et H2B (Cas du scénario changement des techniques d'irrigation)…………….. 65

**Tableau 24**: Evolution des systèmes de culture mis en place dans les exploitations AE41, NE54 et AE54 pour les deux formules tarifaires H1B et H2B (Cas du scénario changement des techniques d'irrigation) …………………………………… 66

## Liste des figures :

**Figure 1**: Effet du réchauffement sur le rendement du blé et du maïs en zone tempérée (à gauche) et en zone tropicale (à droite), avec indication des effets possibles de l'adaptation (d'après Easterling et al, 2007) .................................. 5

**Figure 2** : Effet du réchauffement climatique sur les dégâts de gel simulés pour 3 productions fruitières (pommier, abricotier, pêcher) sur le site d'Avignon............ 6

**Figure 3 :** Evolution de la période de floraison de la poire Williams depuis 1962 (base de données Phenoclim) ................................................................. 6

**Figure 4** : Eau renouvelable annuelle : ressource par habitant .......................... 7

**Figure 5**: Projection de la température à l'échéance 2020 et à l'échéance 2050(MARH et GTZ, 2007).................................................................... 12

**Figure 6**: Projection de la précipitation à l'échéance 2020 et à l'échéance 2050(MARH et GTZ, 2007).................................................................... 12

**Figure 7** : Les impacts potentiels du changement climatique sur les différentes échelles du système administré ( exploitation, région) et environnemental et les stratégies d'adaptations envisageables pour atténuer ces effets négatifs ( élaboration personnelle) ........................................................................................ 18

**Figure 8** : Schéma illustrant la disparité de l'impact du changement climatique entre les deux rives de la méditerranée et sa variabilité au sein du système (Sol- Plante) .... 19

**Figure 9** : La répartition des sols de la BVM par classe ................................... 21

**Figure 10** : Projection multi modèles des variations du régime des précipitations....... 27

**Figure 11** : Définition des différents scénarios de stratégies d'adaptation au changement climatique par rapport à la situation de base (2000) et la situation de référence (2030).................................................................................. 35

**Figure 12** : Evolution de la marge nette en % entre le scénario de base et scénario de référence. A : Nouveau PPI ; B : Ancien PPI. ................................................ 45

**Figure 13** : Comparaison de la tendance de la marge nette et de la superficie des exploitations en % entre le scénario de base et le scénario de référence. ............... 46

**Figure 14** : Les différents comportements des exploitations suite au passage du scénario de base au scénario de référence ..................................................... 48

**Figure 15** : Part des systèmes de culture entre le scénario de base et le scénario de référence pour l'exploitation NE34......................................................... 48

**Figure 16** : Part des systèmes de culture entre le scénario de base et le scénario de référence des exploitations qui maintiennent leur marge nette sans changer la superficie de leurs terres ..................................................................... 49

**Figure 17** : Part des systèmes de culture entre le scénario de base et le scénario de référence des exploitations à marge nette constante et ayant un foncier terre mobile.

**Figure 18**: Part des systèmes de culture entre le scénario de base et le scénario de référence des exploitations dont la marge nette a diminué................................. 49

**Figure 19** : Evolution de la main d'œuvre occasionnelle louée entre le scénario de base et le scénario de référence ................................................................... 50

**Figure 20** : Evolution de la marge nette et des recettes par système de culture entre le scénario de base et le scénario de référence au niveau de la BVM, ancien et nouveaux PPI ................................................................................................. 53

**Figure 21** : Plan de production végétale au niveau de la BVM, ancien et nouveaux PPI................................................................................................................. 55

**Figure 22** : Evolution de la marge nette en % entre le scénario de base et le Scénario de référence + Innovation technologique par le changement du mode d'irrigation ............................................................................................................... 59

**Figure 23** : Evolution de la superficie des cultures selon leur mode de conduite pour le scénario de base et le Scénario de référence + Innovation dans le mode d'irrigation.......................................................................................................... 62

**Figure 24** : Evolution de la marge nette pour chaque exploitation entre le scénario référence + Innovation dans le mode d'irrigation avec formule tarifaire H1B etH2B. 65

# Liste des annexes

79

**Annexe 1** : Mode d'irrigation des cultures pour les scénarios de base et de référence   80

**Annexe 2** : Evolution de la salinité du sol en fonction de la culture entre le scénario de base et le scénario de référence ............................................................................ 84

**Annexe 3**: Seuils de tolérance des différentes cultures à la salinité en dS/m........... 85

# ANNEXES

Annexe 1 : Mode d'irrigation des cultures pour les scénarios de base et de référence

|  |  | Scénario de base | | | | Scénario de référence | | | |
|---|---|---|---|---|---|---|---|---|---|
|  |  | sec | gravitaire | aspersion | goutte à goutte | sec | gravitaire | aspersion | goutte à goutte |
| ae14 | blé dure | 0,8 |  | 0,2 |  | 0,8 |  | 0,2 |  |
|  | orge | 0,4 |  |  |  | 0,4 |  |  |  |
|  | avoine |  |  | 0,2 |  |  |  | 0,2 |  |
|  | bersim |  | 0,3 | 0,2 |  |  | 0,3 | 0,2 |  |
|  | sorgho |  | 0,1 |  |  |  | 0,1 |  |  |
|  | luzerne |  | 0,1 |  |  |  | 0,1 |  |  |
|  | artichaut |  | 0,4 |  |  |  | 0,4 |  |  |
|  | melon |  | 0,3 |  |  |  | 0,3 |  |  |
|  | oignon vert |  | 0,4 |  |  |  | 0,4 |  |  |
|  | oignon d'été |  | 0,2 |  |  |  | 0,2 |  |  |
|  | pomme de terre |  | 0,4 |  |  |  | 0,4 |  |  |
|  | pomme de terre arrière saison |  | 0,5 |  |  |  | 0,5 |  |  |
|  | piment |  | 0,5 |  |  |  | 0,5 |  |  |
| ae12 | avoine | 0,5 |  |  |  | 0,5 |  |  |  |
|  | bersim |  |  | 0,3 |  |  |  | 0,3 |  |
|  | orge en vert |  |  | 0,3 |  |  |  | 0,3 |  |
|  | sorgho |  |  | 0,1 |  |  |  | 0,1 |  |
| ne14 | fève |  |  | 1,2 |  |  |  | 1,2 |  |
|  | fenugrec | 1,0 |  |  |  | 1,0 |  |  |  |
|  | mais |  |  | 0,2 |  |  |  | 0,2 |  |
|  | artichaut |  |  | 0,2 |  |  |  | 0,3 |  |
| ae21 | blé dure | 2,3 |  |  |  | 2,2 |  |  |  |
|  | jachère | 0,5 |  |  |  | 0,5 |  |  |  |
|  | bersim |  | 2,2 |  |  |  | 2,3 |  |  |
|  | sorgho |  | 1,2 |  |  |  | 1,2 |  |  |
|  | tomate |  | 1,4 |  |  |  | 1,4 |  |  |
| ae23 | avoine |  |  | 0,1 |  |  |  | 0,1 |  |
|  | artichaut |  | 0,3 |  |  |  | 0,3 |  |  |
|  | fenouil |  | 0,3 |  |  |  | 0,3 |  |  |
|  | melon |  |  |  |  |  |  |  | 0,1 |
|  | pomme de terre |  | 0,4 |  |  |  | 0,4 |  |  |
|  | concombre |  | 0,3 |  |  |  | 0,3 |  |  |
| ae24 | blé dure |  | 0,6 | 2,2 |  |  | 0,6 | 2,2 |  |
|  | bersim |  | 1,3 |  |  |  | 1,3 |  |  |
|  | orge en vert |  |  | 0,2 |  |  |  | 0,2 |  |
|  | mais |  |  | 0,2 |  |  |  | 0,2 |  |
|  | luzerne |  | 0,3 |  |  |  | 0,3 |  |  |
|  | artichaut |  | 0,5 |  |  |  | 0,5 |  |  |
|  | pomme de terre |  | 1,8 |  |  |  | 1,8 |  |  |
|  | tomate |  | 0,2 |  |  |  | 0,2 |  |  |

| | | Scénario de base | | | Scénario de référence | | |
|---|---|---|---|---|---|---|---|
| ne24 | blé dure | 0,6 | | 0,7 | 0,6 | | 0,7 |
| | orge | 0,5 | | | 0,5 | | |
| | avoine | 0,1 | | | 0,1 | | |
| | bersim | | 0,8 | 0,8 | | 0,9 | 0,9 |
| | orge en vert | 1,2 | 1,3 | | 1,1 | 1,3 | |
| | sorgho | | 0,8 | | | 0,9 | |
| | luzerne | | 0,3 | | | 0,3 | |
| | artichaut | | 0,8 | 0,3 | | 0,8 | 0,3 |
| | tomate | | 1,2 | | | 1,1 | |
| | concombre | | | 0,8 | | | 0,9 |
| ae34 | blé dure | 1,0 | | 1,2 | 1,0 | | 1,2 |
| | orge | 1,0 | | | 1,0 | | |
| | avoine | | | 1,0 | | | 1,0 |
| | bersim | | 2,0 | | | 2,0 | |
| | orge en vert | | 1,7 | | | 1,7 | |
| | sorgho | | | 1,0 | | | 1,0 |
| | luzerne | | 0,7 | 0,3 | | 0,7 | 0,3 |
| | artichaut | | 1,0 | 0,7 | | 1,0 | 0,7 |
| | tomate | | | 0,7 | | | 0,7 |
| ae33 | blé dure | | | 2,8 | | | 2,8 |
| | avoine | | | 0,2 | | | 0,2 |
| | artichaut | | 0,5 | | | 0,5 | |
| | pastèque | | 1,9 | | | 1,9 | |
| | pomme de terre arrière saison | | | 1,8 | | | 1,8 |
| | tomate | | | 1,3 | | | 1,3 |
| ne34 | blé dure | 6,3 | | | 5,9 | | |
| | orge | 5,2 | | | 5,2 | | |
| | avoine | 0,3 | | | 0,3 | | |
| | fenugrec | | 3,8 | | | 3,8 | |
| | bersim | | 0,1 | | | 0,1 | |
| | orge | 1,5 | | | 1,5 | | |
| | sorgho | | 1,4 | | | 1,4 | |
| | mais | | 0,1 | | | 0,1 | |
| | artichaut | | | 0,5 | | | 0,5 |
| | tomate | | | 1,5 | | | 1,5 |
| ne32 | féverole | | 9,6 | | | 9,2 | |
| | avoine | | 3,6 | | | 3,5 | |
| | bersim | | 1,3 | | | 1,2 | |
| | orge en vert | | 1,7 | | | 1,6 | |
| | mais | | 1,7 | | | 1,6 | |
| ae43 | blé dure | 4,6 | 1,8 | 1,4 | 5,8 | 1,8 | 1,4 |
| | blé tendre | 0,0 | 1,6 | | 0,0 | 1,6 | |
| | orge | 2,0 | | | 2,0 | | |
| | avoine | 0,5 | 0,9 | | 0,7 | 0,8 | |
| | artichaut | | 0,9 | 1,3 | | 0,9 | 1,3 |
| | melon | | 1,7 | 1,1 | | 1,8 | 1,1 |
| | oignon d'été | | 0,7 | | | 0,7 | |
| | tomate | | | 3,6 | | | 3,6 |

|  |  | Scénario de base | | | Scénario de référence | | |
|---|---|---|---|---|---|---|---|
| ae41 | blé dure | 2,9 | | | 2,9 | | |
| | blé tendre | 3,7 | | | 3,7 | | |
| | jachère | 3,6 | | | 2,3 | | |
| | bersim | | 0,9 | | | 0,9 | |
| | sorgho | | 2,3 | | | 2,3 | |
| | luzerne | | 0,1 | | | 0,1 | |
| | artichaut | | 1,3 | | | 1,3 | |
| ne43 | blé dure | | 19,4 | | | 33,0 | |
| | artichaut | | 7,0 | | | 7,0 | |
| ne44 | blé dure | | 4,3 | | | 10,9 | |
| | blé tendre | | 8,0 | | | 1,7 | |
| | orge | | 7,9 | | | 5,3 | |
| | avoine | | 7,5 | | | 0,7 | |
| | fenugrec | | 1,1 | | | 1,4 | |
| | bersim | | 1,6 | | | 1,2 | |
| | mais | | 0,5 | | | 0,2 | |
| | luzerne | | 0,5 | | | 0,5 | |
| | artichaut | | 1,0 | | | 1,0 | |
| | tomate | | 1,1 | | | 1,4 | |
| ae53 | blé dure | 3,9 | 21,1 | | 3,9 | 21,1 | |
| | blé tendre | | 2,1 | | | 2,1 | |
| | petit pois | 2,6 | | | 2,6 | | |
| | jachère | 1,1 | | | 1,1 | | |
| | avoine | 2,4 | | | 2,4 | | |
| | artichaut | | 0,5 | | | 0,5 | |
| | pomme de terre | | 3,1 | 35,4 | | 3,7 | 35,4 |
| | tomate | | 15,3 | 10,4 | | 15,3 | 9,1 |
| | piment | | 15,3 | | | 15,3 | |
| ae52 | blé dure | 10,0 | 6,6 | | 10,0 | 5,0 | |
| | jachère | 1,0 | | | 1,1 | | |
| | avoine | 7,6 | | | 7,6 | | |
| | bersim | | 4,0 | | | 3,9 | |
| | orge en vert | | 0,7 | | | 0,7 | |
| | sorgho | | 0,8 | | | 0,8 | |
| | luzerne | 1,3 | 2,0 | | 1,3 | 2,0 | |
| ae54 | blé dure | | 5,6 | | | 5,6 | |
| | blé tendre | 9,7 | | | 9,7 | | |
| | orge | 20,4 | | | 20,4 | | |
| | triticale | | 4,2 | | | 4,2 | |
| | avoine | 5,0 | 2,8 | | 5,0 | 2,8 | |
| | ray-grass | | 0,6 | | | 0,6 | |
| | bersim | 2,2 | 14,5 | | 2,2 | 14,8 | |
| | orge en vert | | 3,8 | | | 3,9 | |
| | sorgho | 0,0 | 9,3 | | 0,0 | 9,4 | |
| | luzerne | 0,7 | 2,7 | | 0,7 | 2,7 | |
| | artichaut | 2,7 | | 3,7 | 2,7 | | 3,7 |
| | tomate | | | 4,7 | | | 4,8 |

|  |  | Scénario de base | | Scénario de référence | |
|---|---|---|---|---|---|
| ne51 | blé dure | 4,9 | 18,8 | 14,2 | 18,8 |
| | blé tendre | 16,7 | | 16,7 | |
| | orge | 5,3 | | 5,3 | |
| | jachère | 6,5 | | | |
| | avoine | 6,7 | 1,0 | 6,7 | 1,0 |
| | avoine ensilage | | 3,4 | | 3,9 |
| | bersim | | 0,9 | | 0,9 |
| | orge en vert | | 0,7 | | 0,7 |
| | mais | | 1,8 | | 1,8 |
| | artichaut | 1,3 | | 1,3 | |
| | melon | 4,3 | | 4,2 | |
| | tomate | | 5,8 | | 4,5 |
| ne54 | blé dure | | 29,8 | | 36,1 |
| | blé tendre | | 40,8 | | 33,1 |
| | orge | | 11,4 | | 6,3 |
| | avoine | 3,4 | 10,6 | 3,5 | 10,9 |
| | bersim | | 6,0 | | 6,1 |
| | mais | | 4,8 | | 4,9 |
| | luzerne | | 2,5 | | 2,5 |
| | artichaut | | 1,0 | | 1,0 |
| | tomate | | 3,4 | | 3,5 |

Annexe 2 : Evolution de la salinité du sol en fonction de la culture entre le scénario de base et le scénario de référence

|  | Scénario de base | | | | | | | | Scénario de référence | | | | | | | |
|---|---|---|---|---|---|---|---|---|---|---|---|---|---|---|---|---|
|  | s1 | s2 | s3 | s4 | s5 | s6 | s7 | s8 | s1 | s2 | s3 | s4 | s5 | s6 | s7 | s8 |
| oh |  | 2,87 | 1,70 | 1,10 | 0,03 |  |  |  |  |  |  | 0,36 | 0,05 |  |  |  |
| ot |  | 0,20 |  | 1,81 |  | 0,01 |  |  |  | 0,30 |  | 2,76 |  | 0,01 |  |  |
| pech |  |  | 1,82 | 0,81 | 0,01 | 0,00 |  | 0,50 |  |  | 2,66 | 1,22 | 0,01 | 0,00 |  | 1,08 |
| poir |  | 3,34 | 0,98 | 1,21 | 0,38 | 0,30 |  |  |  | 5,13 | 1,47 | 1,78 | 0,59 | 0,46 |  |  |
| pomm |  | 4,29 |  | 1,49 | 0,39 | 1,40 |  | 2,84 |  | 6,56 |  | 2,14 | 0,60 | 2,15 |  | 5,70 |
| prun |  |  | 1,80 |  |  |  |  |  |  |  | 2,63 |  |  |  |  |  |
| agr |  | 1,41 | 0,94 | 0,44 |  | 0,06 |  |  |  | 2,10 | 1,39 | 0,96 |  | 0,09 |  |  |
| gren | 2,80 | 2,81 |  | 0,67 | 0,40 |  |  |  |  | 4,29 |  | 1,49 | 0,63 |  |  |  |
| aman |  |  |  | 0,92 |  |  |  |  |  |  |  | 1,70 |  |  |  |  |
| vigt |  |  | 2,02 |  |  |  |  |  |  |  | 3,03 |  |  |  |  |  |
| bd |  | 0,32 | 0,12 | 0,15 | 0,09 | 0,19 | 0,69 | 0,23 |  | 0,03 | 0,06 | 0,19 | 0,01 |  | 0,10 | 0,60 |
| bt |  | 0,13 |  | 0,37 |  | 0,01 | 0,20 | 0,10 |  | 0,17 |  | 0,01 |  |  | 0,47 | 0,24 |
| orge |  |  | 0,04 | 0,20 |  | 0,26 | 1,02 | 0,08 |  |  |  |  |  |  |  | 0,14 |
| tri |  |  |  | 0,04 |  |  |  |  |  |  |  | 0,05 |  |  |  |  |
| feve |  |  |  |  |  | 0,05 |  |  |  |  |  |  |  | 0,05 |  |  |
| fevr |  |  |  | 0,02 |  |  |  |  |  |  |  | 0,04 |  |  |  |  |
| av | 0,24 | 1,83 | 0,79 | 0,34 | 0,00 | 0,63 | 1,37 | 0,14 |  |  |  | 0,36 | 0,00 |  |  | 0,27 |
| ave |  |  |  | 0,55 |  |  |  |  |  |  |  | 1,77 |  |  |  |  |
| fen |  |  |  |  |  |  | 0,14 | 0,02 |  |  |  |  |  |  | 0,03 | 0,05 |
| rayg |  |  |  | 0,01 |  |  |  |  |  |  |  | 0,01 |  |  |  |  |
| bers | 0,79 |  | 0,02 | 0,33 | 0,00 | 0,00 | 0,35 | 0,13 | 0,98 |  | 0,03 | 0,46 | 0,01 | 0,01 | 0,11 | 0,29 |
| overt | 1,12 |  | 0,05 | 0,03 | 0,00 | 0,00 | 1,05 |  | 1,51 |  | 0,08 | 0,01 | 0,00 | 0,01 | 0,00 |  |
| sorg | 0,01 |  | 0,03 | 0,02 |  | 0,00 | 0,02 |  | 0,01 |  | 0,05 | 0,03 |  | 0,01 | 0,06 |  |
| mais |  |  |  | 0,13 |  |  | 0,02 | 0,24 |  |  |  | 0,24 |  |  | 0,05 | 0,38 |
| luz | 0,24 |  | 0,36 | 0,49 | 0,01 | 0,12 | 0,06 | 0,65 | 0,35 |  | 0,54 | 0,73 | 0,02 | 0,19 | 0,14 | 1,37 |
| art | 0,01 | 2,06 |  | 0,62 |  | 0,00 | 0,70 | 0,24 | 0,09 | 2,85 |  | 0,58 |  | 0,01 | 1,29 | 0,51 |
| mel |  |  | 0,02 | 0,03 |  | 0,02 |  |  |  |  | 0,02 | 0,05 |  | 0,03 |  |  |
| past |  |  |  |  | 0,03 |  |  |  |  |  |  |  | 0,04 |  |  |  |
| oivrt |  |  |  | 0,01 |  |  |  |  |  |  |  | 0,01 |  |  |  |  |
| oiete |  |  | 0,00 | 0,14 |  |  |  |  |  |  | 0,00 | 0,21 |  |  |  |  |
| pdts |  | 0,00 |  | 0,00 |  |  |  |  |  | 0,00 |  | 0,00 |  |  |  |  |
| pdtas |  |  |  | 0,00 |  |  |  |  |  |  |  | 0,00 |  |  |  |  |
| toms |  |  | 0,01 | 0,00 |  |  | 0,03 | 0,00 |  |  | 0,02 | 0,00 |  |  | 0,06 | 0,00 |
| pimt |  |  |  | 0,00 |  |  |  |  |  |  |  | 0,00 |  |  |  |  |
| conc |  |  |  |  |  | 0,00 |  |  |  |  |  |  |  | 0,00 |  |  |

Annexe 3: Seuils de tolérance des différentes cultures à la salinité en dS/m

* Arboriculture

| | |
|---|---|
| Olivier à Huile | 2.7 |
| Olivier de Table | 2.7 |
| Pécher | 1.7 |
| Poirier | 1.7 |
| Pommier | 1.7 |
| Prunier | 1.5 |
| Agrumes | 1.7 |
| Grenadier | 2.7 |
| Amandier | 1.5 |
| Vignes | 1.5 |

* Cultures annuelles

| | |
|---|---|
| Blé dure | 1.83 |
| Blé tendre | 1.83 |
| Orge | 8 |
| Triticale | 3 |
| Avoine | 3 |
| Fenugrec | 3.22 |
| Orge en vert | 6 |
| Bersim | 2.68 |
| Sorgho | 4 |
| Maïs | 1.8 |
| Luzerne | 3.45 |
| Ray-grass | 5.6 |
| Fève | 2.5 |
| Fèverole | 2.5 |
| Petit pois | 2.5 |
| Pomme de terre | 1.7 |
| Tomate | 1.75 |
| Piment | 1.7 |
| Melon | 1.6 |
| Concombre | 2.5 |
| Artichaut | 4.4 |
| Fenouil | 1.2 |
| Pastèque | 1.75 |
| Oignon | 1.2 |

Oui, je veux morebooks!

# i want morebooks!

Buy your books fast and straightforward online - at one of world's fastest growing online book stores! Environmentally sound due to Print-on-Demand technologies.

Buy your books online at
## www.get-morebooks.com

Achetez vos livres en ligne, vite et bien, sur l'une des librairies en ligne les plus performantes au monde!
En protégeant nos ressources et notre environnement grâce à l'impression à la demande.

La librairie en ligne pour acheter plus vite
## www.morebooks.fr

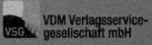

VDM Verlagsservicegesellschaft mbH
Heinrich-Böcking-Str. 6-8    Telefon: +49 681 3720 174    info@vdm-vsg.de
D - 66121 Saarbrücken        Telefax: +49 681 3720 1749   www.vdm-vsg.de

Printed by Books on Demand GmbH, Norderstedt / Germany